"十四五"高等职业教育新形态一体化教材

信息技术课程系列

低代码
编程技术基础

微课版

主　编◎眭碧霞　杨智勇　胡方霞　芦　星
副主编◎吴　俊　李　娜　涂　智　张治斌
　　　　王传合　杨功元　严丽丽　于　京

中国铁道出版社有限公司
CHINA RAILWAY PUBLISHING HOUSE CO., LTD.

内 容 简 介

本书聚焦低代码编程技术前沿，立足实践、注重实用、讲求实效、指导实战，勾画出一条快速开发的"自然之路"，带领读者探索低代码开发的神奇世界。

全书共包含三大部分14个单元。单元1～2围绕信息产业变迁、信息化系统体验展开，主要讲解信息化平台、数字化平台、低代码平台，探讨其应用背景、发展现状及未来趋势；单元3～12以"车辆租赁系统"作为教学项目贯穿始终，依托低代码技术实训平台，将理论学习和实操训练对标优化，把训练模块拆分成若干任务单，通过项目需求分析、系统门户应用、组织机构应用、基础数据、数据建模、业务表单、用户权限、工作流程设计等训练模块，全方位模拟软件开发全流程；经过教学内容的沉淀和知识点复盘梳理后，单元13～14提供了两个精心设计的实战项目——"高校访客管理系统"和"企业新员工入职管理系统"，实战项目检测与考核学习效果，方便读者迅速将所学知识运用到实际开发中。

本书将基础知识与案例实战紧密结合，适合作为高等职业教育信息技术课程体系中程序设计教材，也适合应用型高等教育、中等职业教育的学生和教师使用。

图书在版编目（CIP）数据

低代码编程技术基础 / 眭碧霞等主编 . —北京：中国铁道出版社有限公司，2023.5（2024.1重印）

"十四五"高等职业教育新形态一体化教材

ISBN 978-7-113-30105-7

Ⅰ.①低… Ⅱ.①眭… Ⅲ.①程序设计－高等职业教育－教材 Ⅳ.① TP311.1

中国国家版本馆 CIP 数据核字（2023）第 054675 号

书　　名	低代码编程技术基础
作　　者	眭碧霞　　杨智勇　　胡方霞　　芦　星

策　　划	秦绪好	编辑部电话：(010) 63551006	
责任编辑	王春霞　　徐盼欣		
封面设计	尚明龙		
责任校对	苗　丹		
责任印制	樊启鹏		

出版发行	中国铁道出版社有限公司（100054，北京市西城区右安门西街 8 号）
网　　址	http://www.tdpress.com/51eds/
印　　刷	河北宝昌佳彩印刷有限公司
版　　次	2023 年 5 月第 1 版　2024 年 1 月第 2 次印刷
开　　本	850 mm×1 168 mm　1/16　印张：20　字数：462 千
书　　号	ISBN 978-7-113-30105-7
定　　价	59.80 元

版权所有　侵权必究

凡购买铁道版图书，如有印制质量问题，请与本社教材图书营销部联系调换。电话：(010) 63550836

打击盗版举报电话：(010) 63549461

"十四五"高等职业教育新形态一体化教材
编审委员会

总顾问：谭浩强（清华大学）　　　　　　　　黄心渊（中国传媒大学）

主　任：高　林（北京联合大学）

副主任：鲍　洁（北京联合大学）　　　　　　眭碧霞（常州信息职业技术学院）
　　　　孙仲山（宁波职业技术学院）　　　　秦绪好（中国铁道出版社有限公司）

委　员：（按姓氏笔画排序）

于　京（北京电子科技职业学院）	于　鹏（新华三技术有限公司）
于大为（苏州信息职业技术学院）	万　冬（北京信息职业技术学院）
万　斌（珠海金山办公软件有限公司）	王　芳（浙江机电职业技术学院）
王　坤（陕西工业职业技术学院）	王　忠（海南经贸职业技术学院）
方风波（荆州职业技术学院）	左晓英（黑龙江交通职业技术学院）
龙　翔（湖北生物科技职业学院）	史宝会（北京信息职业技术学院）
乐　璐（南京城市职业学院）	吕坤颐（重庆城市管理职业学院）
朱伟华（吉林电子信息职业技术学院）	朱震忠（西门子（中国）有限公司）
邬厚民（广州科技贸易职业学院）	刘　松（天津电子信息职业技术学院）
汤　徽（新华三技术有限公司）	阮进军（安徽商贸职业技术学院）
孙　刚（南京信息职业技术学院）	孙　霞（嘉兴职业技术学院）
芦　星（北京久其软件有限公司）	杜　辉（北京电子科技职业学院）
李军旺（岳阳职业技术学院）	杨文虎（山东职业学院）
杨龙平（柳州铁道职业技术学院）	杨国华（无锡商业职业技术学院）

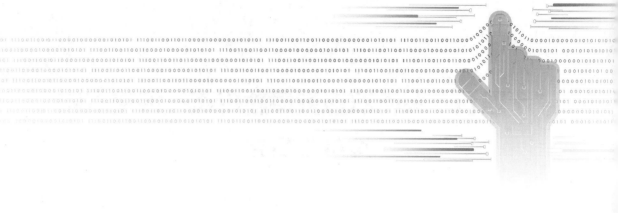

吴　俊（义乌工商职业技术学院）　　　吴和群（呼和浩特职业技术学院）

汪晓璐（江苏经贸职业技术学院）　　　张　伟（浙江求是科教设备有限公司）

张明白（百科荣创（北京）科技发展有限公司）　陈小中（常州工程职业技术学院）

陈子珍（宁波职业技术学院）　　　　　陈云志（杭州职业技术学院）

陈晓男（无锡科技职业学院）　　　　　陈祥章（徐州工业职业技术学院）

邵　瑛（上海电子信息职业技术学院）　武春岭（重庆电子工程职业学院）

苗春雨（杭州安恒信息技术股份有限公司）　罗保山（武汉软件职业技术学院）

周连兵（东营职业学院）　　　　　　　郑剑海（北京杰创科技有限公司）

胡大威（武汉职业技术学院）　　　　　胡光永（南京工业职业技术大学）

姜大庆（南通科技职业学院）　　　　　聂　哲（深圳职业技术学院）

贾树生（天津商务职业学院）　　　　　倪　勇（浙江机电职业技术学院）

徐守政（杭州朗迅科技有限公司）　　　盛鸿宇（北京联合大学）

崔英敏（私立华联学院）　　　　　　　葛　鹏（随机数（浙江）智能科技有限公司）

焦　战（辽宁轻工职业学院）　　　　　曾文权（广东科学技术职业学院）

温常青（江西环境工程职业学院）　　　赫　亮（北京金芥子国际教育咨询有限公司）

蔡　铁（深圳信息职业技术学院）　　　谭方勇（苏州职业大学）

翟玉锋（烟台职业技术学院）　　　　　樊　睿（杭州安恒信息技术股份有限公司）

秘　书：翟玉峰（中国铁道出版社有限公司）

序

2021年，第十三届全国人民代表大会第四次会议通过的《中华人民共和国国民经济和社会发展第十四个五年规划和2035年远景目标纲要》，对我国社会主义现代化建设进行了全面部署，"十四五"时期对国家的要求是高质量发展，对教育的定位是建立高质量的教育体系，对职业教育的定位是增强职业教育的适应性。当前，在"十四五"开局之年，如何切实推动落实《国家职业教育改革实施方案》《职业教育提质培优行动计划（2020—2023年）》等文件要求，是新时代职业教育适应国家高质量发展的核心任务。伴随新科技和新工业化发展阶段的到来和我国产业高端化转型，必然引发企业用人需求和聘用标准随之发生新的变化，以人才需求为起点的高职人才培养理念使创新中国特色人才培养模式成为高职战线的核心任务，为此国务院和教育部制定和发布的包括"1+X"职业技能等级证书制度、专业群建设、"双高计划"、专业教学标准、信息技术课程标准、实训基地建设标准等一系列具体的指导性文件，为探索新时代中国特色高职人才培养指明了方向。

要落实国家职业教育改革一系列文件精神，培养高质量人才，就必须解决"教什么"的问题，必须解决课程教学内容适应产业新业态、行业新工艺、新标准要求等难题，教材建设改革创新就显得尤为重要。国家这几年对于职业教育教材建设下了很大的力度，2019年，教育部发布了《职业院校教材管理办法》（教材〔2019〕3号）、《关于组织开展"十三五"职业教育国家规划教材建设工作的通知》（教职成司函〔2019〕94号），在2020年又启动了《首届全国教材建设奖全国优秀教材（职业教育与继续教育类）》评选活动，这些都旨在选出具有职业教育特色的优秀教材，并对下一步如何建设好教材进一步明确了方向。在这种背景下，坚持以习近平新时代中国特色社会主义思想为指导，落实立德树人根本任务，适应新技术、新产业、新业态、新模式对人才培养的新要求，中国铁道出版社有限公司邀请我与鲍洁教授共同策划组织了"'十四五'高等职业教育新形态一体化教材"，尤其是我国知名计算机教育专家谭浩强教授、全国高等院校计算机基础教育研究会会长黄心渊教授对课程建设和教材编写都提出了重要的指导意见。这套教材在设计上把握了如下几个原则：

1. 价值引领、育人为本。牢牢把握教材建设的政治方向和价值导向，充分体现党和国家的意志，体现鲜明的专业领域指向性，发挥教材的铸魂育人、关键支撑、固本培元、文化交流等功能和作用，培养适应创新型国家、制造强国、网络强国、数字中国、智慧社会的不可或缺的高层次、高素质技术技能型人才。

2. 内容先进、突出特性。充分发挥高等职业教育服务行业产业优势，及时将行业、产业的新技术、新工艺、新规范作为内容模块，融入教材中去。并且，为强化学生职业素养养成和专业技术积累，将专业精神、职业精神和工匠精神融入教材内容，满足职业教育的需求。此外，为适应项目学习、案例学习、模块化学习等不同学习方式要求，注重以真实生产项目、典型工作任务、案例等为载体组织教学单元的教材、新型活页式、工作手册式等教材，反映人才培养模式和教学改革方向，有效激发学生学习兴趣和创新潜能。

3. 改革创新、融合发展。遵循教育规律和人才成长规律，结合新一代信息技术发展和产业变革对人才的需求，加强校企合作、深化产教融合，深入推进教材建设改革。加强教材与教学、教材与课程、教材与教法、线上与线下的紧密结合，信息技术与教育教学的深度融合，通过配套数字化教学资源，满足教学需求和符合学生特点的新形态一体化教材。

4. 加强协同、锤炼精品。准确把握新时代方位，深刻认识新形势新任务，激发教师、企业人员内在动力。组建学术造诣高、教学经验丰富、熟悉教材工作的专家队伍，支持科教协同、校企协同、校际协同开展教材编写，全面提升教材建设的科学化水平，打造一批满足学科专业建设要求，能支撑人才成长需要、经得起实践检验的精品教材。

按照教育部关于职业院校教材的相关要求，充分体现工业和信息化领域相关行业特色，以高职专业和课程改革为基础，编写信息技术课程、专业群平台课程、专业核心课程等所需教材。本套教材计划出版4个系列，具体为：

1. 信息技术课程系列。教育部发布的《高等职业教育专科信息技术课程标准(2021年版)》给出了高职计算机公共课程新标准，新标准由必修的基础模块和由12项内容组成的拓展模块两部分构成。拓展模块反映了新一代信息技术对高职学生的新要求，各地区、各学校可根据国家有关规定，结合地方资源、学校特色、专业需要和学生实际情况，自主确定拓展模块教学内容。在这种新标准、新模式、新要求下构建了该系列教材。

2. 电子信息大类专业群平台课程系列。高等职业教育大力推进专业群建设，基于产业需求的专业结构，使人才培养更适应现代产业的发展和职业岗位的变化。构建具有引领作用的专业群平台课程和开发相关教材，彰显专业群的特色优势地位，提升电子信息大类专业群平台课程在高职教育中的影响力。

3. 新一代信息技术类典型专业课程系列。以人工智能、大数据、云计算、移动通信、物联网、区块链等为代表的新一代信息技术，是信息技术的纵向升级，也是信息技术之间及其与相关产业的横向融合。在此技术背景下，围绕新一代信息技术专业群(专业)建设需要，重点聚焦这些专业群(专业)缺乏教材或者没有高水平教材的专业核心课程，完善专业教材体系，支撑新专业加快发展建设。

4. 本科专业课程系列。在厘清应用型本科、高职本科、高职专科关系，明确高职本科服务目标，准确定位高职本科基础上，研究高职本科电子信息类典型专业人才培养方案和课程体系，重在培养高层次技术技能型人才，组织编写该系列教材。

新时代，职业教育正在步入创新发展的关键期，与之配合的教育模式以及相关的诸多建设都在深入探索，按照"选优、选精、选特、选新"的原则，发挥在高等职业教育领域的院校、企业的特色和优势，调动高水平教师、企业专家参与，整合学校、行业、产业、教育教学资源，充分发挥教材建设在提高人才培养质量中的基础性作用，集中力量打造与我国高等职业教育高质量发展需求相匹配、内容形式创新、教学效果好的课程教材体系，努力培养德智体美劳全面发展的高层次、高素质技术技能人才。

本套教材内容前瞻、体系灵活、资源丰富，是值得关注的一套好教材。

国家职业教育指导咨询委员会委员

北京高等学校高等教育学会计算机分会理事长

全国高等院校计算机基础教育研究会荣誉副会长

2021 年 8 月

前 言

教育数字化是数字中国战略的重要组成部分，党的二十大首次将"推进教育数字化"写入报告，擘画教育新蓝图、构建育人新范式，深入实施科教兴国战略、人才强国战略、创新驱动发展战略，以数字化推动育人方式、办学模式、管理体制、保障机制创新，推动教育流程再造、结构重组和文化重构，促进教育研究和实践范式变革，促进人的全面发展，实现中国式教育现代化。

数字洪流奔涌浩荡，技术革新活力澎湃。低代码是近年来随着技术创新应势而生的新技术，已成为众多企业在数字化转型升级中的重要手段，是数字中国建设、数字经济发展中的一大热点，作为数字工具持续释放强大而持久的动能，加速全社会数字化转型浪潮，推动教育数字化变革向更深维度演进。

新一轮科技革命和产业变革蓬勃兴起，国家对职业教育的重视达到前所未有的程度，职业教育正向多元化、全民化、终身化加速转变。本书基于对人才培养与教学实践的不断思考与探索，将低代码平台与职业教育相融合，探索新的专业实践类课程教学体系，满足教育对新技术发展的需求，进而更好地服务数字经济发展及现代职业教育改革，回应培养融合创新型人才的时代诉求。

本书包含三篇共 14 个单元，由浅入深地强化信息化系统建设思维及数字化意识，为后续的学习打下良好的基础。

第一篇 认知与体验（单元 1～2）：阐述信息技术产业发展历程及现状，以不同用户或角色身份体验信息化系统的整体架构、应用模块和基本操作，使学生对信息化系统形成基本的认知与理解。

第二篇 开发与实践（单元 3～12）：讲述信息化系统开发思路，实践完成命题项目的信息化系统开发，使学生了解信息化系统的基本框架、开发流程，学会简单的信息化系统的开发应用。

第三篇 分析与实战（单元 13～14）：通过多个实战项目的业务分析及建设，掌握分析方法及理解数字化的意义，开发一个完整的应用，使学生具备一定的信息化系统开发实践能力，真正做到学以致用，提高自身价值和竞争力。

本书锚定技术变革和产业优化升级的方向，帮助学生找到发挥自我潜能的路径，通过课程教学与实践，强化学生的编程能力、项目实战能力、业务处理能力，结合具体的应用场景进行案例分析和解决方案讲解，从学生的思想意识和探索未知领域的能力出发，使学生通过平台了解企业级业务系统的建设过程，形成产业认知，实现专业知识与信息化技术的融合创新，实现学生学习方式的深度转型。

低代码是在传统软件开发的基础上逐步优化而来的，其组件本身是人类编码技术累积的结果，期待读者通过学习带来更高层次的应用搭建，彰显时代新的创新成就，助力实现美好生活。

本书由睢碧霞、杨智勇、胡方霞、芦星任主编，由吴俊、李娜、涂智、张治斌、王传合、杨功元、严丽丽、于京任副主编。全书由睢碧霞负责统稿和定稿。具体编写分工如下：单元1、2由北京信息职业技术学院张治斌编写；单元3、4由重庆开放大学/重庆工商职业学院胡方霞编写；单元5由重庆工程职业技术学院杨智勇编写；单元6由天津电子信息职业技术学院李娜编写；单元7由义乌工商职业技术学院吴俊编写；单元8由北京电子科技职业学院于京编写；单元9由北京久其软件股份有限公司芦星编写；单元10由新疆农业职业技术学院杨功元编写；单元11由成都职业技术学院涂智编写；单元12由陕西铁路工程职业技术学院王传合编写；单元13由常州信息职业技术学院睢碧霞编写；单元14由海南软件职业技术学院严丽丽教写。同时感谢高林、鲍洁两位教授在本书编写过程中给予的指导。

此外，还感谢北京久其软件股份有限公司提供的久其女娲低代码编程技术基础平台及赵立童、石立华、卞君岳、李秋阳、翁建颖等技术人员的大力支持；感谢梁柱、王海洋、黄河清、徐栋梁、李方、贺峰、党伟、胡耀、刘宇等老师们给予的意见和建议。（人员排名不分先后）

为配合教学，本书为读者提供视频等教辅资源，读者可登录中国铁道出版社有限公司官方网站（https://www.tdpress.com/51eds）下载课程资源。

本书编者为此书虽付出诸多努力，但因力有不逮，难免会有疏漏和不足，敬请广大读者批评指正，以期不断完善。

编　者

2023年3月

目 录

第一篇 认知与体验

单元1 信息技术产业变迁 ………… 2
- 任务1.1 认知信息化系统发展 ………… 2
- 任务1.2 认知数字化平台发展 ………… 5
- 任务1.3 认知低代码平台发展 ………… 9
- 单元考评表 ………………………… 15
- 单元小结 …………………………… 16
- 单元习题 …………………………… 16

单元2 信息化系统体验 ………………… 18
- 任务2.1 认识信息系统的用户范围 … 18
- 任务2.2 了解信息系统的业务对象 … 19
- 任务2.3 熟悉信息系统的管理流程 … 21
- 任务2.4 认知系统管理员工作日常 … 22
- 任务2.5 认知信息管理员工作日常 … 23
- 任务2.6 认知客户经理工作日常 …… 24
- 任务2.7 认知财务人员工作日常 …… 25
- 单元考评表 ………………………… 25
- 单元小结 …………………………… 26
- 单元习题 …………………………… 26

第二篇 开发与实践

单元3 设置系统门户 …………………… 30
- 任务3.1 配置车辆租赁平台功能树 … 30
- 任务3.2 设计租车平台首页 ………… 34
- 任务3.3 设计租车平台登录页 ……… 42
- 单元考评表 ………………………… 45
- 单元小结 …………………………… 45
- 单元习题 …………………………… 46

单元4 行政组织机构实践 ……………… 48
- 任务4.1 建设租赁公司组织机构类型 … 48
- 任务4.2 定义租赁公司组织机构数据 … 50
- 单元考评表 ………………………… 53
- 单元小结 …………………………… 54
- 单元习题 …………………………… 54

单元5 基础数据实践 …………………… 56
- 任务5.1 创建租赁公司普通基础数据 … 56
- 任务5.2 创建租赁公司树形基础数据 … 72
- 任务5.3 创建租赁公司分组基础数据 … 83
- 单元考评表 ………………………… 95
- 单元小结 …………………………… 96
- 单元习题 …………………………… 96

单元 6　数据建模实践 ····················· 98
　　任务 6.1　新建租赁单主表 ············· 98
　　任务 6.2　新建车辆及费用信息子表 ··· 107
　　单元考评表 ···························· 115
　　单元小结 ······························ 115
　　单元习题 ······························ 116

单元 7　业务表单实践 ····················· 118
　　任务 7.1　绑定租赁单表定义 ·········· 118
　　任务 7.2　设计租赁单界面 ············ 122
　　任务 7.3　设置租赁单编号逻辑 ········ 129
　　单元考评表 ···························· 132
　　单元小结 ······························ 132
　　单元习题 ······························ 133

单元 8　公式应用实践 ····················· 135
　　任务 8.1　配置租赁单计算值公式 ····· 135
　　任务 8.2　配置租赁单值校验公式 ····· 141
　　任务 8.3　配置租赁单引用数据过滤
　　　　　　　公式 ·························· 143
　　单元考评表 ···························· 145
　　单元小结 ······························ 146
　　单元习题 ······························ 146

单元 9　打印设置实践 ····················· 148
　　任务 9.1　设计租赁单主要信息打印
　　　　　　　模板 ·························· 148

　　任务 9.2　设计租赁单明细信息打印
　　　　　　　模板 ·························· 152
　　单元考评表 ···························· 157
　　单元小结 ······························ 157
　　单元习题 ······························ 158

单元 10　业务列表实践 ···················· 160
　　任务 10.1　租赁单查询列配置 ········· 160
　　任务 10.2　租赁单查询条件配置 ······ 163
　　任务 10.3　租赁单工具栏及界面设置 ··· 165
　　单元考评表 ···························· 169
　　单元小结 ······························ 170
　　单元习题 ······························ 170

单元 11　用户权限实践 ···················· 172
　　任务 11.1　创建租赁公司角色 ········· 172
　　任务 11.2　创建车辆管理用户 ········· 175
　　任务 11.3　定义租赁用户权限 ········· 180
　　单元考评表 ···························· 184
　　单元小结 ······························ 185
　　单元习题 ······························ 185

单元 12　工作流实践 ······················ 187
　　任务 12.1　租车单的工作流建设 ······ 187
　　任务 12.2　租车业务与工作流绑定 ··· 190
　　单元考评表 ···························· 193
　　单元小结 ······························ 194
　　单元习题 ······························ 194

第三篇　分析与实战

单元 13　高校访客管理系统实战 ······ 198
　　任务 13.1　需求说明 ··················· 198
　　任务 13.2　功能树配置 ················ 200
　　任务 13.3　创建高校机构类型 ········· 202
　　任务 13.4　创建高校机构数据 ········· 203
　　任务 13.5　设计访客业务相关角色 ··· 205

任务 13.6 设计访客业务工作流……206	任务 14.2 功能树配置……243
任务 13.7 创建访客业务枚举数据…209	任务 14.3 创建企业集团机构类型…245
任务 13.8 创建访客业务基础数据…211	任务 14.4 创建企业集团机构数据…246
任务 13.9 设计访客申请单业务模型…213	任务 14.5 创建入职业务枚举数据…248
任务 13.10 设计访客申请单数据约束…217	任务 14.6 创建入职业务基础数据…250
任务 13.11 实现访客申请单页面……220	任务 14.7 设计入职申请单业务模型…252
任务 13.12 实现访客申请单打印……223	任务 14.8 设计入职申请单数据约束…262
任务 13.13 实现访客申请单自动编号……223	任务 14.9 实现入职申请单页面……266
	任务 14.10 实现入职申请单打印……273
任务 13.14 实现访客申请单列表展示……225	任务 14.11 实现入职申请单自动编号……275
任务 13.15 实现访客申请单与工作流绑定……229	任务 14.12 实现入职申请单列表展示……277
	任务 14.13 设计入职业务相关角色…281
任务 13.16 创建访客业务系统用户及权限……230	任务 14.14 实现入职业务工作流程…283
	任务 14.15 创建入职业务系统用户及权限……287
任务 13.17 门户设置……232	
任务 13.18 访客业务数据及流程测试……235	任务 14.16 门户设置……290
	任务 14.17 入职业务数据及流程测试……293
单元考评表……238	
单元小结……239	单元考评表……298
单元 14 企业新员工入职管理系统实战……240	单元小结……299
任务 14.1 需求说明……240	

配套资源索引

微课

序号	项目名称	资源名称	页码
1	单元1 信息技术产业变迁	信息化概念	2
2		信息化发展	4
3		信息化溯源	4
4		信息化未来趋势	5
5		数字化概念与应用	6
6		数字化发展	8
7		数字化组成	8
8		数字化未来趋势	9
9		低代码平台概念	9
10		低代码平台兴起	10
11		低代码平台优势	11
12		低代码平台特点	12
13		低代码平台未来趋势	13
14		低代码平台对教育的影响	14
15	单元2 信息化系统体验	车辆租赁信息系统的用户范围	19
16		车辆租赁信息系统的业务对象	20
17		租车业务流程介绍	22
18		信息化系统体验：信息管理员工作日常	23
19		信息化系统体验：客户经理工作日常	24
20		信息化系统体验：财务人员工作日常	25
21	单元3 设置系统门户	配置功能树	31
22		编辑首页配置模块、配置banner轮播图	35
23		配置页签工作流及访问量和常用功能	36
24		配置背景及logo	43
25		配置登录框背景及文字	43
26	单元4 行政组织机构实践	定义组织机构类型与数据关联	51
27	单元5 基础数据实践	配置枚举数据	57
28		配置客户信息	58
29		配置部门信息	72
30		配置车辆分类信息	77
31		配置员工信息	84
32		配置车辆信息	90

序号	项目名称	资源名称	页码
33	单元6 数据建模实践	介绍租赁单定义与字段列类型	99
34		设计租赁单与发布	102
35		定义车辆明细信息并发布	108
36		定义费用明细信息并发布	110
37	单元7 业务表单实践	定义租赁单和设置基本属性	119
38		设计租赁单主表区域基本框架	122
39		设计租赁单主表区域控件	124
40		设计租赁单子表区域基本框架	126
41		设计租赁单车辆明细区域控件	127
42		设计租赁单费用明细区域控件、保存与发布	128
43		配置租赁单编号规则	131
44	单元8 公式应用实践	介绍获取引用基础数据字段值公式	138
45		设置客户手机号、信用卡号、证件号的公式引用	139
46		设置客户经理手机号、车牌号的公式引用	139
47		介绍合计公式并完成自动计算费用	140
48		介绍值校验公式并完成起租日期与还车日期的比较	141
49		介绍过滤公式并完成车辆的筛选，最终发布	144
50	单元9 打印设置实践	快速生成打印模板	149
51		调整租赁单模板—设置打印模板标题	150
52		调整租赁单模板—设置打印网格信息	151
53		修改面板的布局尺寸与打印预览效果	151
54		快速生成车辆明细的打印模板并设置打印模板标题	153
55		设置车辆明细的打印网格信息	153
56		快速生成费用明细的打印模板并设置打印模板标题	154
57		设置费用明细的打印网格信息	155
58		观看打印预览效果，最终发布	155
59		配置租赁单执行	156
60	单元10 业务列表实践	定义单据列表并配置查询列	162
61		绑定单据定义并配置查询条件	164
62		设置工具栏动作并配置打印参数	166
63		设置展示界面排序以及审批功能列表	168
64	单元11 用户权限实践	创建角色	173
65		创建用户	177
66		角色授权	181

序号	项目名称	资源名称	页码
67	单元12 工作流实践	定义租赁单工作流模型并完成设计和发布	188
68		绑定单据关联业务工作流,并约束组织机构	191
69		设置收费岗动作和岗位的界面方案	191
70	单元13 高校访客管理系统实战	高校访客管理系统业务背景	198
71		角色描述	199
72		访客申请流程	199
73		登录教师账号,完成制单,并查看流程	199
74		按次序分别登录院领导和保卫科账号,完成审批	199
75		配置系统功能树	201
76		定义组织机构类型关联机构数据	203
77		创建角色	206
78		设计访客业务审批流程	207
79		添加访问类型、性别枚举数据	210
80		定义教职工基础数据	212
81		设计访客主表	214
82		设计访客主表约束	219
83		设计访客申请单工具栏和单据基本信息	221
84		设计访客申请单访客信息	221
85		设计访客申请单事由信息	222
86		设计访客申请单打印模板	223
87		设计访客申请单自动编号生成	224
88		定义单据列表实现绑定查询列展示	226
89		设计查询条件并配置查询参数	227
90		设计工具栏显示动作	227
91		编辑单据列表执行	228
92		绑定单据关联业务工作流,并约束组织机构	229
93		创建工作台菜单	230
94		创建用户	231
95		角色授权	231
96		设计首页菜单	233
97		绑定首页	234
98		制单行为:登录教师账号,完成制单,并查看流程	235
99		审批行为:按次序分别登录院领导和保卫科账号,完成审批	236

III

序号	项目名称	资源名称	页码
100		企业新员工入职管理系统业务背景	240
101		企业入职平台角色描述	241
102		入职申请流程	241
103		登录招聘专员账号，完成制单，并查看流程	241
104		按次序分别登录用人部门经理、事业部总监、招聘主管账号，完成审批	241
105		配置系统功能树	244
106		定义组织机构类型关联机构数据	246
107		添加学历、岗位级别、婚姻状况、政治面貌枚举数据	249
108		创建部门基础数据	251
109		创建岗位基础数据	251
110		创建福利基础数据	252
111		统一配置基础数据执行菜单	252
112		定义入职申请单主表信息	254
113		定义公司福利子表	258
114	单元14 企业新员工入职管理系统实战	定义教育经历子表	260
115		定义工作经历子表并发布	261
116		定义入职申请单并绑定主子表	264
117		约束字段列必填项以及利用值校验公式约束字段列	265
118		设计入职申请单界面—单据信息和基本信息	267
119		设计入职申请单界面—入职信息	268
120		设计入职申请单界面—公司福利、教育经历、工作经历	270
121		快速生成打印模板	273
122		设计入职申请单自动编号生成	276
123		定义单据列表实现绑定查询列展示	278
124		设计查询条件并配置查询参数	279
125		设计工具栏显示动作	280
126		编辑单据列表执行	280
127		创建角色	282
128		定义并设计单据工作流程	284
129		绑定单据关联工作流程和组织机构	287

序号	项目名称	资源名称	页码
130	单元 14 企业新员工入职管理系统实战	创建工作台菜单	288
131		创建用户	288
132		角色授权	289
133		设计首页菜单及绑定首页	291
134		登录招聘专员账号，完成制单，并查看流程	294
135		按次序分别登录用人部门经理、事业部总监、招聘主管账号，完成审批	295

第一篇　认知与体验

随着新一轮科技革命的兴起，数字化、信息化、智能化浪潮正推动人类文明进入一段新的旅程，数字化转型也成为企事业单位发展的必由之路。在软件技术的助力下，企业最终可实现业务、技术、组织全面且系统的改造升级。

某学校为了进一步推进教学的信息化和数字化建设，特地组织信息化考察团，以周老师为负责人对相关企业进行信息化调研，组建四个考察小组完成系统调研，任务分工见表1-1。

表 1-1　某学校信息化考察团任务分工

带队教师	学生	任务
周老师	钱同学	信息化系统发展调研
玖老师	孙同学	数字化系统发展调研
琪老师	李同学	低代码平台发展调研
常老师	赵同学	企业信息化系统业务调研

单元 1　信息技术产业变迁

情境引入

以周老师为代表的信息化考察团，首站来到××上市公司调研信息化系统、数字化系统、低代码平台的发展和建设需求，深入了解其研发初衷、发展历程、业务理念、实现模式等，形成对软件行业和各个产业的认知，为校企融合奠定坚实的基础。

学习目标

（1）了解信息化系统的定义、组成和未来趋势。
（2）了解数字化平台的定义、组成和发展方向。
（3）了解低代码平台的历史、特点和未来发展趋势。
（4）培养良好的信息素养，提升读者在信息社会的适应力与创造力。

任务 1.1　认知信息化系统发展

任务描述

以周老师和钱同学为代表的考察小组，通过对信息化系统进行实地考察，亲身体验企业的信息化系统功能，充分了解信息化系统产生的背景、发展历程以及信息化在各大产业中的应用情况，最终形成信息化系统考察分析报告书。

任务实现

1. 信息化简介

自原始社会以来，随着技术不断演进，时代也在不断更续变化。从旧石器时代、新石器时代到青铜时代、铁器时代，再到工业化、信息化时代，人类依靠科技的力量实实在在地获得了繁盛的物质和精神生活。

信息化系统的发展可以追溯到 20 世纪 60 年代，当时计算机技术的迅猛发展所引发的革命性浪潮，奠定了信息化系统发展的基础。随着计算机技术的不断提高，科学家和工程师开始研究计算机如何用于数据处理和信息存储。得益于理论创新和技术应用的日趋完善，信息化系统

视频
信息化概念

在20世纪80年代逐渐被广泛使用,并在过去几十年里取得了巨大的进展。

20世纪80年代,随着个人计算机(PC)的普及,信息化系统逐渐应用于商业和消费领域,带来了极大的社会效益。20世纪末期,互联网的普及使得信息化系统变得更加易用和广泛,并使得企业和个人能够在全球范围内共享信息。伴随21世纪移动互联网的兴起,信息化系统最终成为全球商业、政府、教育、医疗等各个领域的重要工具。

近年来,随着人工智能、大数据、云计算等技术的发展,信息化系统正在发生巨大的变革。信息化系统不仅更加智能化、自动化,而且能够处理更多的数据、提供更快的速度和更高的效率。总的来说,信息化系统的发展经历了从诞生到普及再到智能化的进程,已经成为当今社会的重要组成部分,并将继续在未来迎来新一轮变革,进而创造更大的社会价值。

所以,信息化就是将信息技术应用于各种领域,以改进、优化和自动化业务流程,提高生产效率和质量,增强企业或组织的竞争力和创新能力为目标的一种思想。信息化还可以促进信息的共享和交流,加强组织内部和外部之间的沟通与协作。

关于信息化的概念,还应该了解以下几个方面:

(1)信息技术应用:信息化的基础是信息技术的应用,包括计算机、互联网、智能手机、移动应用程序等。信息技术的应用可以改进和优化业务流程,实现自动化和数字化的管理,增强企业或组织的生产效率和质量,降低成本,提高客户满意度。

(2)数据和信息管理:信息化也涉及数据和信息的管理。通过信息系统,可以有效地收集、存储、处理、分析和共享数据和信息。这有助于管理者做出更好的决策,了解客户需求和行为,预测市场趋势,优化产品和服务等。

(3)组织变革:信息化需要组织内部的变革和创新,包括新的业务流程、组织结构、职责和角色、管理方式等。组织需要对信息技术的应用和信息管理不断进行重组,以便更好地适应市场变化和客户需求。

(4)人才和文化:信息化需要一支高素质的人才队伍和一种创新和开放的文化氛围。人才需要具备信息技术和信息管理的专业知识和技能,也需要具备创新和合作的能力。文化方面,需要鼓励和支持组织成员的创新和学习,促进信息共享和协作。

在信息化概念的基础上,已经出现了一些信息化场景落地的电子科技工程。以下是一些关于信息化不同类别的案例:

(1)电子商务:阿里巴巴是一个全球著名的电子商务平台。通过利用互联网和电子支付,阿里巴巴已经改变了全球贸易的方式,使全球化和国际贸易更加便利和高效。

(2)移动支付:支付宝和微信支付是中国最著名的移动支付平台。它们提供了方便的移动支付方式,包括在商店、餐馆、出租车等场所使用,以及在网上购物时使用。

(3)云计算:阿里云是一个全球领先的云计算平台。它允许企业在云中构建和托管应用程序,使用弹性计算资源以及存储和处理大量数据。

(4)医疗信息化:全球许多医疗机构都在将医疗记录和其他医疗信息数字化。这种医疗信息化可以提高医疗服务的质量和效率,并促进医疗机构之间的信息共享。

（5）物联网：智能家居是物联网技术的一个典型案例。通过将家居设备连接到互联网，人们可以使用智能手机等设备来远程控制家庭设备，如灯光、暖气、空调等，从而提高家庭的舒适度和安全性。

（6）大数据：全球各种行业都在利用大数据分析技术来改进业务流程和决策制定。例如，在市场营销方面，企业可以通过分析大量数据来识别客户需求和行为，从而制定更有效的营销策略。

2. 发展信息化的好处

发展信息化可以为组织带来诸多好处：

（1）提高效率：信息化可以助力业务流程自动化和数字化，提高生产效率和质量。例如，生产线上的机器人可以自动完成装配任务，减少人工操作和错误率，从而提高生产效率、减少成本。

视频 信息化发展

（2）增强竞争力：信息化可以增强企业或组织的竞争力和创新能力。通过信息系统和数据分析，组织可以更好地了解市场和客户需求，预测趋势，优化产品和服务。信息化还可以提高客户满意度和忠诚度，增加客户群体和市场份额[①]。

（3）改进管理：信息化可以改进管理方式和决策制定。通过信息系统和数据分析，管理者可以更准确地了解业务情况，做出更好的决策。信息化还可以促进信息的共享和沟通，提高组织内部和外部之间的协同与合作。

（4）促进可持续发展：信息化可以促进可持续发展。例如，通过数字化管理，组织可以更好地控制资源和能源的消耗，降低环境污染和排放。信息化还可以促进可再生能源和清洁技术的应用，以减少对有限资源的依赖。

3. 信息化的溯源

信息化时代从20世纪到如今，具体可以分为以下四个阶段：

（1）起源：信息化系统的起源可以追溯到20世纪60年代，当时主要应用于大型企业的生产和管理系统。

视频 信息化溯源

（2）PC时代：20世纪80年代到90年代，随着个人计算机的普及，信息化系统逐渐从大型企业向小型企业和家庭扩展。

（3）互联网时代：从20世纪90年代末到21世纪初，随着互联网的普及，信息化系统得到了进一步的发展，并开始应用于不同行业。

（4）移动时代：从2000年开始，移动时代步入信息化系统发展的重要阶段。随着移动技术的不断发展和成熟，信息化系统逐渐从静态的桌面环境转向动态的移动环境。这一时代的特点是人们可以随时随地通过移动设备（如智能手机、平板电脑等）使用信息化系统，获取和处理信息，进行各种交互。

---

① 市场份额也称"市场占有率"，是指某企业某产品的销售量在市场同类产品中所占的比重，反映企业在市场上的地位。通常市场份额越高，竞争力越强。

4. 信息化的未来趋势

信息化系统已经成为现代社会的重要组成部分，在商业、医疗、教育、政府等多个领域得到了广泛应用。信息化系统不仅提高了生产力和效率，而且改变了人们的生活方式和工作方式。总的来说，信息化系统已经发展成为一个复杂而广泛的领域，并将继续发挥重要作用，推动人类未来科技的进步。

在当今时代，信息化系统的移动性、普及性、便捷性成为重要特征，这使得人们能够更加方便地使用信息化系统，提高了工作效率和生活体验。同时，这一时代还带来了一系列新的技术挑战，如数据安全、网络稳定性等，需要相关技术人员不断努力。信息化是一个不断发展和变化的领域，其未来趋势包括以下几个方面：

（1）人工智能：人工智能是信息化的一个重要方向。未来，人工智能将更加普及和成熟，应用领域也将更加广泛，包括自动驾驶、智能家居、智能医疗、智能金融等。人工智能还将深度融合在各个行业中，以提高效率、降低成本、增强安全性等。

（2）5G网络：5G网络具有更高的速度、更低的延迟和更大的带宽，能够为信息化提供更好的基础设施和支持。5G网络将使更多的设备实现互联和智能化，如智能家居、智能车辆、智能医疗设备等。

视频

信息化未来趋势

（3）物联网：物联网是指将各种物品与互联网相连接，以实现智能化和自动化的技术。未来，物联网将更加广泛地应用于各个领域，如智慧城市、智能交通、智能制造等。物联网还将促进智能设备的发展和普及，如智能穿戴设备、智能家电、智能医疗设备等。

（4）大数据：大数据是指海量的数据集合，需要使用先进的技术进行处理和分析。未来，大数据将继续发挥重要作用，以支持更好的决策制定、精准营销、个性化服务等。大数据还将与人工智能和物联网等技术融合，实现更多创新和应用。

（5）区块链：区块链是一种去中心化的分布式账本技术，具有高度的安全性和可靠性。未来，区块链将被广泛应用于金融、物流、电子商务、政府和社会服务等领域，以提高数据安全性、交易透明度和效率。

总之，信息化的未来趋势将是人工智能、5G网络、物联网、大数据和区块链等技术的深度融合和应用，以实现更高效、更便捷、更安全、更智能的社会生活。

任务1.2 认知数字化平台发展

任务描述

以玖老师和孙同学为代表的考察小组，通过对企业数字化平台的实地考察，体验数字化平台功能，了解数字化系统发展的动因、演变历程、数字化在各大产业发展情况以及数字化发展的建设思想，最终形成数字化系统考察分析报告。

任务实现

1. 数字化简介

数字化平台的发展始于20世纪90年代，当时主要以网站为代表，提供了在线信息和交互服务[①]。随着互联网技术的发展，数字化平台不断拓展其功能，涵盖了购物、音乐、视频、社交等诸多领域。21世纪，数字化平台进入了快速发展阶段。随着移动互联网和云计算技术的兴起，数字化平台不断拓展其设备和场景覆盖范围，从计算机网站向移动应用和智能设备扩展。

数字化平台是指基于数字技术，为不同的用户和组织提供数据处理、信息交流、服务交付[②]和商业合作等各种功能和服务的平台。数字化平台的特点包括高度的数字化程度、开放性、共享性、可扩展性和生态性。

数字化平台通常由数字化技术和商业模式相结合而成，可应用于各个领域，如电商、金融、物流、旅游、教育、医疗、制造等。数字化平台可以将各种数据和资源整合到一起，为用户提供个性化、定制化、多样化的服务和产品。数字化平台还可以通过数字技术的支持，提高服务的效率、降低成本、增强安全性，促进产业的升级和转型。以下是一些关于数字化平台的案例：

视频
数字化概念与应用

（1）电商数字化：阿里巴巴是中国最大的电商平台之一，通过数字化技术实现了从线下到线上的转型，成为一家全球性的电商巨头。阿里巴巴的数字化技术包括物流、支付、大数据和人工智能等方面，使购物变得更加便捷和高效。

（2）医疗数字化：数字化技术正在逐渐渗透到医疗行业中，如远程医疗、数字化医疗记录和医疗影像处理等。一些数字化医疗平台已经取得了良好的成绩，为用户提供了便捷的医疗服务，如图1-1所示。

（3）工业数字化：数字化技术正在改变传统工业制造的方式。例如，工业互联网平台可以实现生产线上的设备互联和数据共享，提高生产效率和质量，帮助企业实现数字化制造流程，如图1-2所示。

（4）教育数字化：数字化技术也正在改变教育行业。例如，学习平台可以为学生提供在线课程和资源，而智能教育系统可以为教师提供更好的教学工具和支持。一些数字化教育平台，如智慧党建管理平台，已经在全国党基建范围内推广使用。

（5）金融数字化：数字化技术正在改变传统金融行业。例如，移动支付和互联网银行可以为用户提供更加便捷和安全的支付和理财服务，而区块链技术可以为金融交易提供更高的安全性和透明度。数字化金融平台，如支付宝和微信支付，已经在中国获得了广泛应用。

---

① 交互服务：交互本身是指交流互动，在互联网中是指平台与用户之间的交流方式，即软件应用为用户提供向社会公众发布文字、图像、音视频等信息的一种平台服务，包括论坛、社区、贴吧、微信、博客、第三方支付、移动应用商店等互联网信息服务。交互服务让用户不仅可以获得相关资讯，还能使用户与软件平台、其他用户之间产生相互交流与互动。

② 服务交付：在互联网商业行为中一般指项目交付，即企业为了满足消费群体或单指某个客户（具有利益链服务关系的某个群体）的需求，将产品成果包装完成交付，提供软件商品、软件服务或者资源访问等。

单元1　信息技术产业变迁

图1-1　医疗数字化

图1-2　双碳数字化

2. 发展数字化的好处

数字化的发展是以数字技术为支撑，将传统物理形式的信息转换为数字信号，通过自动化、标准化、模块化等方式进行处理，提高效率、降低成本、创新商业模式，满足用户需求，推进产业升级和转型，促进可持续发展等。数字化平台是为不同用户和组织提供数据处理、信息交流、服务交付和商业合作等各种功能和服务的平台，通常由数字化技术和商业模式相结合而成，应用于各个领域，如电商、金融、物流、旅游、教育、医疗、制造等。

数字化的发展已成为当今社会发展的必然趋势，将为社会经济发展、企业转型升级和人民生活带来深刻变革，主要有以下几个方面的好处：

（1）提高效率和降低成本：数字化可以将大量的信息、资源和业务流程进行自动化、标准化和模块化处理，提高工作效率，减少人工操作和管理成本。

视频
数字化发展

（2）创新商业模式：数字化带来的技术和数据的革命性变化可以促进新兴产业的发展和创新，催生新的商业模式和商业价值，带来新的商业机遇和竞争力。

（3）满足用户需求：数字化让用户可以更加方便、快捷、个性化地获取信息和服务，以及更好地参与和互动，提高用户的满意度和忠诚度。

（4）推进产业升级和转型：数字化可以提高企业的管理效率、创新能力和竞争力，推进产业升级和转型，以适应信息化时代的市场和消费需求。

（5）促进可持续发展：数字化可以提高资源利用效率，减少环境污染和能源消耗，以及促进可持续发展的理念和实践。

3. 数字化的组成

现今，数字化平台已经成为现代社会的重要组成部分，对人们的生活和工作产生了深远影响。数字化平台不仅提供了丰富的信息和服务，而且通过数据驱动的技术实现了智能化和个性化体验。数字化是一个非常综合和复杂的概念，它涉及技术、数据、应用、文化等多个方面，只有这些方面的有机结合和协同发展，才能真正实现数字化的目标和价值，通常包括以下几个方面的内容：

视频
数字化组成

（1）数字化技术：数字化技术是数字化的基础，包括计算机、网络、云计算、大数据、人工智能、物联网等多种技术。这些技术的不断发展和应用，为数字化提供了强大的技术支持和保障。

（2）数字化数据：数字化需要大量的数字化数据作为基础，这些数据包括各种形式的信息，如文本、图像、音视频等，数字化的核心就是将这些数据转换为数字形式进行处理和管理。同时，数字化也会产生大量新的数字数据，这些数据在数字化中也扮演着非常重要的角色。

（3）数字化应用：数字化的目的是解决实际问题和需求，数字化应用是数字化的核心，涉及各种领域的应用场景和应用模式。数字化应用需要结合具体的需求和场景，选用适当的数字化技术和数字化数据，构建数字化系统和平台，提供数字化服务和产品。

（4）数字化文化：数字化的发展也带来了新的文化形态和文化价值观，数字化文化包括数字化的思维方式、行为模式、价值观念、知识体系等。数字化文化的培育和传承，对于数字化的可持续发展和人类社会的进步和发展至关重要。

4. 数字化的未来趋势

数字化平台主要是针对计算机操作系统、编程语言和开发工具等技术的平台。随着互联网的普及和发展，数字化平台开始向面向用户和应用的方向转变，出现了许多面向网站、应用程序和服务的数字化平台。回顾信息技术行业的历史发展就能够发现和总结出一系列重要的里程碑：

（1）20世纪50年代，第一台通用电子数字计算机ENIAC诞生，人类开始进入数字计算时代，计算机第一代机器语言（汇编语言）诞生。

（2）20世纪70年代到80年代，个人计算机开始出现，程序员不再需要大型机的支持，计算机行业开始进入快速发展阶段，面向对象编程语言开始出现，如Smalltalk、C++等，程序员可以更加方便地设计、编写和维护复杂的软件系统。

（3）20世纪90年代到21世纪初，互联网开始普及，Web编程和网页设计这种以浏览器/服务器（B/S）为主流的互联网架构成为热门领域，大量高级语言成为软件行业的主流，随着HTML、JavaScript、CSS、Java、PHP、C#、Ruby、Go、Python等编程语言的出现，PC端和移动设备技术开始普及。

（4）目前已经逐步进入第四代图形语言，又称低代码编程语言，它是近年来发展快速的一种编程范式，旨在通过提供更高级别的抽象和自动化，使得软件开发过程更加简单快捷。低代码编程语言通常提供可视化的开发环境，通过拖动、配置和可视化编排等方式，开发者可以快速构建应用程序，而不需要编写大量的代码。随着云计算、大数据、人工智能等技术的快速发展，低代码编程语言越来越受到界内专业人士的青睐、关注和有效应用，有望成为未来数字化的引领者。

视频
数字化未来趋势

任务1.3　认知低代码平台发展

📋 任务描述

以琪老师和李同学为代表的考察小组，通过对企业低代码平台的实地考察，体验低代码平台功能，了解低代码系统产生的背景、发展历程，以及低代码在各大产业的使用情况、市场需求及其发展趋势，最终形成低代码平台系统考察分析报告。

🎯 任务实现

1. 低代码平台简介

低代码平台是一种可视化开发环境，它旨在通过提供更高级别的抽象和自动化，使得应用程序的构建更加简单和快速。与传统的软件开发相比，低代码平台将更多的工作转移到了平台自身和可视化开发工具上，从而使得开发者无须编写大量的代码，而只需关注应用程序的设计和配置。

低代码平台的出现，大大简化了信息化系统的开发流程，提高了信息化系统的开发质量，使得企业和组织可以更快地构建应用程序，降低开发成本，提高生产效率。未来，随着人工智

视频
低代码平台概念

能、自动化等技术的发展，低代码平台将更加智能化和自动化，使开发者可以更快地构建更加复杂和高级别的应用程序。

经过调研和总结分析得出，低代码平台通常包括以下几个核心组件：

（1）可视化开发环境：低代码平台提供可视化的开发环境，通过拖动、配置和可视化编排等方式，开发者可以快速构建应用程序，而不需要编写大量的代码。平台通常提供丰富的组件库[①]，如数据源[②]、表单、报表、工作流等，以及自定义组件的支持，使开发者可以快速构建各种类型的应用程序。

（2）自动化工具：低代码平台通常提供自动化工具，如代码生成、部署、测试、维护等，以帮助开发者更快地构建和发布应用程序。

（3）数据集成和管理：低代码平台提供数据集成和管理功能，支持各种数据源和格式，如数据库、API[③]、文件等，使开发者可以快速连接和使用数据，以及进行数据的处理和分析。

（4）安全和合规性：低代码平台提供安全和合规性功能，如访问控制、数据加密、合规性审计等，以确保应用程序的安全和合规性。

2. 低代码平台的兴起

低代码平台的历史可以追溯到20世纪80年代，当时的开发环境以可视化编程语言为主，如 Visual Basic 等。这些可视化编程语言简化了开发者的工作，但仍需要大量的手动编写和配置，对开发者的技术水平仍有较高要求。

视频

低代码平台兴起

随着企业信息化的需求不断增加，开发人员越来越难以满足业务部门快速迭代和交付应用程序的要求。在这种背景下，低代码平台应运而生。第一批低代码平台是在2001年左右推出的，当时的平台依旧需要开发人员编写一定量的代码，但使用可视化编排的方式将代码组合起来，已大大加速了应用程序的开发。随着技术的不断进步，低代码平台也在不断发展，从最初的可视化编排，逐渐发展出组件化、自动化、智能化等功能。

现在，一些低代码平台可以实现无代码或低代码的开发方式，使得开发人员甚至非技术人员也可以参与应用程序的构建，加速推动企业数字化转型。随着人工智能、自动化等技术的发展，未来的低代码平台将更加智能化和自动化，从而进一步提高应用程序的开发效率和质量。

当今的低代码平台为用户提供了一个可视化、模块化的开发环境，使用拖动、拼接组件的

---

① 组件库：随着互联网的快速发展，人们积累了很多开发经验以及自然形成的统一标准和规范，造就了大量通用的编程模板并放入组件库，如今遇到一个新的需求时，不再需要重复实现，只需要集成环境拆箱使用即可，避免大量重复编程的现象发生，成倍地提升开发效率。低代码平台的组件库是经过程序员编码后组装成组件的，实施人员只需要在界面视图中拖动鼠标就能轻松实现软件开发。

② 数据源：是指通过某种技术手段达到软件平台与数据库连通，实现数据交互的一种方式，数据源本身就是在连接时所配备的多形态数据信息，能够自由切换不同产品的数据库。

③ API：英文全称为 Application Programming Interface（应用程序编程接口），它是一组定义了不同软件之间如何交互的规则和协议，即允许软件应用程序之间进行通信，以便它们之间能够相互操作和共享数据。通常 API 以一组预定义的函数或方法的形式公开，允许开发人员调用预先定义的操作而无须了解底层代码或实现细节。API 可以使用不同的编程语言来实现，并使用标准的数据交换格式（如常用的 JSON 或 XML），以确保不同应用程序之间数据交换的一致性。

方式，将业务逻辑和界面元素组装成应用程序。相比传统的软件开发方式，低代码平台极大地简化了应用程序的开发，降低了技术门槛，提高了开发效率，这些优势使得它成为一种极具吸引力的开发方式。

综上所述，低代码平台的发展历程可以分为以下几个阶段：

（1）第一阶段：可视化编程。最初的低代码平台是基于可视化编程语言和 RAD（Rapid Application Development，快速应用程序开发）工具开发的。它们提供了一个可视化的开发环境，允许开发人员使用拖动和放置的方式将应用程序的组件组装起来。

（2）第二阶段：组件化开发。第二阶段的低代码平台允许开发人员将应用程序开发的各个组件抽象成单独的模块，这些模块可以被多个应用程序所共用，从而提高了应用程序的重用率和维护性。这一阶段的低代码平台通常使用组件库和应用程序框架来实现组件化开发。

（3）第三阶段：自动化开发。第三阶段的低代码平台使用自动化工具来帮助开发人员自动化地创建和维护应用程序。这些平台允许开发人员使用模板、向导、自动化测试等功能来快速构建应用程序。

3. 低代码平台的优势及特点

低代码平台是一种强大的工具，可以大大提高应用程序的开发效率和质量。通过提供预先构建的组件和自动生成的代码，低代码平台可以使开发人员更快地构建应用程序，并提高应用程序的可维护性和稳定性。此外，低代码平台还能够提高团队的协作效率，并使应用程序更加适应变化的业务需求，是一种通过视觉化工具和预先构建的组件来快速创建应用程序的开发平台。低代码应用开发能力体系如图 1-3 所示。

图 1-3 "久其女娲平台"低代码应用开发能力体系

低代码开发平台的优势包括：

（1）更快的开发速度：低代码平台使开发人员能够通过拖放界面元素、图与图表、表单等

视频

低代码平台优势

预先构建的组件来快速创建应用程序。相较于传统的手写代码的开发方式，低代码平台可以大大缩短开发时间。

（2）更高的生产力：低代码平台提供了预先构建的组件和自动生成的代码，开发人员可以更快地构建应用程序，提高生产力和效率。

（3）更好的可维护性：低代码平台可以将应用程序组件集中在一起，使应用程序的维护更加容易。此外，由于使用的组件和库已经过多次测试和验证，因此应用程序更加稳定，需要更少的维护工作。

（4）更强的适应性：低代码平台的可视化工具使得应用程序的迭代更加容易。通过快速修改应用程序的视觉元素、逻辑、数据源等，开发人员可以更加快速地满足变化的需求。

（5）更好的协作性：低代码平台通过将应用程序的各个组成部分分离开来，使得团队成员可以专注于自己的任务，提高协作效率。

低代码平台具有快速、高效、可重用、可扩展、自动化的特点，可以大大提高应用程序的开发效率和质量，使开发人员能够更加专注于业务逻辑和用户体验设计。低代码具体能力表现如图1-4所示。

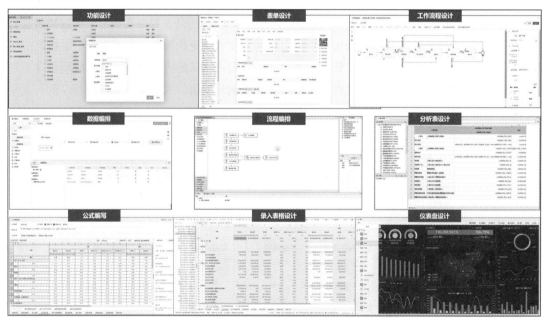

图1-4　低代码具体能力表现

视频

低代码平台特点

低代码开放平台的特点包括：

（1）可视化开发：低代码平台提供可视化的开发工具和预先构建的组件，使开发人员能够通过拖放和配置的方式快速开发应用程序。

（2）自动化代码生成：低代码平台使用模板和规则引擎自动生成大部分的应用程序代码，减少开发人员手写代码的时间和精力。

（3）可重用组件：低代码平台提供大量的可重用组件和模板，使开发人员能够快速构建应用程序。

（4）快速迭代：低代码平台的开发速度非常快，可以快速迭代和调整应用程序，使开发人员能够快速响应变化的需求。

（5）可扩展性：低代码平台支持插件和API接口，使开发人员能够轻松地集成第三方工具和服务。

（6）自动化测试：低代码平台自带测试和调试工具，可以自动化测试应用程序并检测错误，提高应用程序的质量和稳定性。

4. 低代码平台的发展趋势

从近几年来看，低代码平台的发展取得了显著的成就。首先，低代码平台的功能和性能不断提升，使得人们能够通过低代码平台开发出更加复杂和专业的应用。其次，低代码平台的可用性和易用性得到了极大的提高，使得更多的非技术人员能够使用低代码平台进行应用开发。

未来，低代码平台仍然会继续保持高速的发展趋势，并通过人工智能和机器学习技术的不断提升更加智能和自主。同时，低代码平台还将有望通过整合其他技术，如大数据、云计算等，提供更加完善的服务。

视频
低代码平台未来趋势

低代码平台的主要发展趋势如下：

（1）功能丰富：随着技术的不断进步，低代码平台的功能和性能也在不断提升。目前，许多低代码平台支持多种编程语言，并具有强大的数据管理、应用开发和部署功能。

（2）易用性提高：低代码平台的易用性也在不断提高。许多低代码平台使用了可视化工具，使得非技术人员也能轻松地使用它们开发应用。

（3）智能化：许多低代码平台正在使用人工智能和机器学习技术，更加智能和自主。例如，一些低代码平台可以自动生成代码，帮助开发人员更快地完成任务。

（4）整合其他技术：低代码平台不仅可以独立使用，还可以与其他技术整合使用。比如与大数据、人工智能、云计算等技术相结合，可以更好地满足各种业务需求。低代码平台的整合使得开发人员可以更好地利用其他技术的优势，提高开发效率和品质。

（5）推广应用范围：低代码平台的应用范围正在不断扩大。从企业应用到消费者应用，低代码平台都在发挥着重要作用。许多公司正在使用低代码平台开发自己的应用，以提高效率和降低成本。

（6）市场竞争激烈：随着低代码平台的发展，市场竞争也在不断加剧。许多公司正在投入大量资源开发和推广低代码平台，以获得市场份额。

从趋势来看，低代码平台是一个不断发展的领域，具有广泛的应用前景。它不仅可以提高效率、降低成本，而且可以推广软件应用范围，帮助更多的人创建自己的应用，所以对于未来而言，低代码平台将继续发展，成为更加智能、更加强大、更加易用的应用开发工具。预计低代码平台将有以下几个方面的发展：

（1）更加智能化：随着人工智能技术的不断发展，低代码平台将更加智能化，提供更加人性化的开发环境。

（2）更丰富的功能：随着技术的不断发展，低代码平台将提供更丰富的功能，更好地满足开发人员的需求。

（3）更简单的使用方式：低代码平台将更加简单易用，不需要专业的技术知识就能进行应用开发。

（4）更高效的开发：低代码平台将帮助开发人员更高效、更快捷地完成应用开发。

（5）更广泛的应用：低代码平台将更广泛地应用于各个领域，并逐渐替代传统的编程方式。

教育行业也受到了数字化和信息化的深刻影响。随着科技的发展，教育理念和方式也在不断地演进与革新，主要体现在如下几个方面：

（1）网络教育：随着互联网的普及，网络教育逐渐成为一种重要的教育方式，帮助越来越多的人获得教育机会。

（2）数字化教室：数字化教室可以通过技术，提高教学效率，帮助学生更好地理解课程内容。

（3）智慧校园：智慧校园是一种利用信息技术、网络技术和移动技术，提升校园管理效率和教育质量的整体解决方案。

（4）虚拟实验室：虚拟实验室可以利用技术，提高实验效率，并且可以让学生在安全的环境中进行实验。

视频
低代码平台对教育的影响

由此可见，教育行业也在不断地探索利用科技来提高教育效率和质量，让教育更普惠、更智慧。与此同时，在低代码平台领域对教育也产生了很多积极的影响，主要有以下几个方面：

（1）提高效率：低代码平台可以大大缩短开发时间，提高教育软件的开发效率。这意味着，教育机构可以更快地将先进的技术应用到课程中，提高学生的学习体验。

（2）提高可访问性：低代码平台通常有友好的用户界面，使得教育软件的开发和使用变得更加容易。这意味着，教育机构可以更容易地将教育软件的好处带给更多的学生和教师。

（3）减少成本：低代码平台通常不需要专业的软件开发人员，因此可以减少开发成本。这对于资金有限的教育机构来说非常有利。

（4）提高创新性：低代码平台可以更容易地探索新的技术和新的学习方法，从而提高教育的创新性。这意味着，教育机构可以更容易地引入先进的学习方法，提高学生的学习体验。

总的来说，低代码平台是一种通过使用可视化界面和拖放功能，让非技术人员也能够快速开发应用的技术。随着信息化、数字化系统的发展，低代码平台也在逐渐成为主流，并得到了广泛应用。低代码平台不仅整合了其他技术，如人工智能和大数据，还为教育领域带来了重要影响，使得学生可以通过低代码平台学习编程和应用开发。

在未来，低代码编程语言将继续快速发展，尤其是在企业应用程序开发领域，它将成为提高软件开发效率和降低开发成本的重要手段之一。同时，随着人工智能、自动化等技术的发展，低代码编程语言也将更加智能化和自动化，未来的开发者将不再需要编写大量的代码，而是更加注重设计和配置，快速实现业务需求，帮助企业更快地实现数字化转型，提高生产效率。

单元1 信息技术产业变迁

单元考评表

信息技术产业变迁考评表

被考评人		考评单元	单元1 信息技术产业变迁	
考评维度		考评标准	权重（1）	得分（0~100）
内容维度	信息化系统的作用和意义	了解信息化系统的定义、组成和未来趋势	0.05	
	数字化平台的作用和意义	了解数字化平台的定义、组成和发展方向	0.05	
	低代码平台的作用和意义	了解低代码平台的历史、特点和未来发展趋势	0.1	
任务维度	了解信息化系统	掌握信息化的四大特点；掌握信息化历史的四个阶段；掌握未来信息化发展的五大领域	0.2	
	了解数字化平台	掌握数字化的五大优势；掌握数字化的四个组成部分；掌握数字化的未来发展方向	0.2	
	了解低代码平台	掌握低代码平台发展历程的三个阶段；掌握低代码的五大优势和六大特点；掌握低代码对教育的四大积极影响	0.2	
职业维度	职业素养	能理解任务需求，并在指导下实现预期任务，能自主搜索资料和分析问题	0.1	
	团队合作	能进行分工协作，相互讨论与学习	0.1	
加权得分				
评分规则		A	B	C	D
		优秀	良好	合格	不合格
		86~100	71~85	60~70	60以下
考评人				

单元小结

本单元介绍了信息化系统、数字化平台、低代码平台各自的定义、历史、发展和未来趋势，经过本单元的学习，应能够对信息化、数字化的课题有一定的认知，掌握低代码平台的背景及相关概念，认识到信息化系统、数字化平台和低代码平台是随着技术和商业需求的发展而逐渐兴起和演化的。总结来说，信息化系统是指将信息技术应用于企业管理和运营中的系统；数字化平台是将数字技术与业务流程相结合，实现数字化转型的平台；低代码平台是基于低代码开发模式构建的可视化开发平台，使开发人员可以快速创建应用程序。

随着技术的不断发展，信息化系统、数字化平台和低代码平台的功能和特点也在随之优化。信息化系统不断引入新的技术和工具，实现更高效的管理和运营；数字化平台不断融合新的数字技术和业务模式，拓展数字化转型的领域和深度；低代码平台则不断推出新的组件和工具，提升开发效率和质量，以满足快速变化的商业需求。信息化系统、数字化平台和低代码平台在促进企业数字化转型、提升效率和质量方面都发挥了重要的作用。

单元习题

1. 选择题

（1）以下 _____ 不是信息化系统的作用。
　　A. 实现企业数字化转型
　　B. 提升管理效率
　　C. 降低运营成本
　　D. 增加员工福利

（2）数字化平台主要是指 _____。
　　A. 将企业管理数字化
　　B. 将数字技术与业务流程相结合
　　C. 将企业营销数字化
　　D. 将企业人事数字化

（3）以下 _____ 不是低代码平台的优势。
　　A. 提升开发效率
　　B. 降低开发成本
　　C. 增加代码复杂度
　　D. 提高代码质量

（4）低代码平台的主要特点是 _____（多选）。
　　A. 高可定制性
　　B. 可视化开发

C. 高安全性

D. 扩展性强

（5）以下_____可能是数字化平台的未来趋势（多选）。

A. 人工智能技术的应用

B. 智能合约技术的应用

C. 区块链技术的应用

D. 高清视频技术的应用

2. 填空题

（1）信息化技术的四大历史阶段为_____、_____、_____和_____。

（2）_____平台是指基于数字化技术开发的一种服务平台，可以为用户提供多种数字化服务。

（3）数字化平台都由_____、_____、_____和_____组成。

（4）低代码平台是一种强大的工具，可以大大提高应用程序的开发效率和质量，它具有更快的开发速度，_____、_____、_____和更好的协作性。

（5）低代码平台在教育行业受到了数字化和信息化的深刻影响，随着科技的发展，教育也在不断地演进，从而形成网络教育、_____、_____、_____等一些实用性产品。

3. 简答题

（1）请用文字描述低代码平台有哪些优势。低代码平台是如何帮助企业提高生产力的？

（2）低代码平台在数字化转型中有哪些具体应用场景？低代码平台是如何帮助企业更好地实现数字化转型的？

单元 2　信息化系统体验

情境引入

在对信息化系统、数字化平台、低代码平台进行系统性学习之后，接下来将以车辆租赁管理系统为例，进入实践环境全面体验系统业务流程。为充分了解车辆租赁管理平台，实现一套流程规范、简单高效的车辆租赁流程，常老师带领赵同学到拥有"高校产业化基地"的知名合作企业组织调研工作，认真完成了调研结果，形成一份完整的车辆租赁管理系统需求规格说明书。对需求说明书认真研读，才能保证后续师生能够利用低代码平台，在实践中顺利完成车辆租赁平台信息化建设。

学习目标

（1）熟悉信息化系统的用户范围、管理对象、核心业务流程。
（2）了解企业信息化系统用户的工作日常。
（3）具有信息化系统需求分析和使用信息化系统进行日常工作的能力。
（4）具有探究学习、分析问题和解决问题的能力。
（5）初步了解低代码平台对企业信息化的管理方式。
（6）提高社会实践能力，提升职业认知能力。

任务 2.1　认识信息系统的用户范围

任务描述

畅捷出行集团车辆租赁系统的核心用户主要有四大类，分别是系统管理员、信息管理员、客户经理和财务人员。赵同学通过了解企业信息化系统的主要用户类型及权限，对车辆租赁系统形成初步认知。

任务实现

车辆租赁系统是畅捷集团旗下租车业务的管理工具，是将企业管理思想运用于管理实践的手段，为简化操作流程、加速业务办理流程发挥重要作用。同时，对实现企业组织运行的稳定性、规范性、高效性有明显的推动作用。

畅捷集团车辆租赁系统的核心功能主要有员工管理、客户管理、车辆管理、车辆租赁流程管理四大类,系统核心用户主要有四大类,分别是系统管理员、信息管理员、客户经理和财务人员。核心用户分类和权限见表2-1。

车辆租赁信息系统的用户范围

表2-1 核心用户分类和权限

畅捷集团车辆租赁系统用户分类和页面权限				
系统用户	角色说明	页面权限	数据权限	账号/密码
系统管理员	拥有对系统资源、公司组织部门、公司员工账号、系统门户设计、功能开发的管理权限	机构数据管理 角色管理 用户管理 登录页管理 首页管理	增、删、查、改	admin/admin
信息管理员	拥有对企业内外部客户、车辆进行增、删、改、查的管理权限	部门管理 员工管理 车辆分类 车辆信息 客户信息	增、删、查、改	manager/ manager
客户经理	客户信息查询、车辆租借手续登记办理的业务权限	租赁管理 租赁单录入 租赁单列表管理 驳回事项	增、删、查、改	zd/1
财务人员	汽车租赁单据查询、确认收费方式,上传收费凭证,完成车辆租借手续登记办理的业务审批权限	审批管理 待办事项 已办事项	查询、修改、审批	sf/1

(1)系统管理员:拥有对系统资源、公司组织部门、公司员工账号进行增、删、改、查的管理权限。

(2)信息管理员:拥有对企业内外部客户、车辆进行增、删、改、查的管理权限。

(3)客户经理:拥有车辆租借手续登记办理的业务权限。

(4)财务人员:拥有汽车租赁单据查询、确认收费方式,上传收费凭证,完成车辆租借手续登记办理的业务审批权限。

任务2.2 了解信息系统的业务对象

任务描述

大多数企业都存储着庞大的数据信息。车辆租赁系统中包含组织架构、部门、员工、客户、车辆等信息数据,既是畅捷集团重要的企业生产要素和信息资源,也是畅捷租赁系统主要管理的业务对象。赵同学通过认知企业信息化系统的管理对象，为进一步掌握企业信息管理方法奠定基础。

🎯 任务实现

1. 组织机构

组织机构是畅捷出行集团车辆租赁平台的基层架构，管理着畅捷集团的行政职权机构。在低代码平台中提供了"组织机构数据管理"模块，赋有专属管理行政机构搭建的作用，可实现对组织机构数据的添加、修改、启/停用、组织异动、批量删除、回收站等功能的操控。

2. 用户管理功能

用户管理功能使得畅捷出行集团用户能够登入车辆租赁平台，是实现数据管理或执行业务流程的有效方式。低代码平台中提供创建用户功能的模块，在创建过程中可以对该用户进行组织机构划分、角色指定、设置登录名和初始密码等操作，可以实现用户所需的一些基本需求，如登录、强制修改密码、查看个人信息、消息通知、搜索等。此外，还提供了对用户的修改、锁定、停用、用户数据的扩展以及导入导出等场景的全方位管理。

车辆租赁信息系统的业务对象

3. 授权管理功能

授权管理功能是软件系统平台数据安全和用户安全的有效保障。在低代码平台中可以在角色管理或者用户管理页面对特定的对象按功能树、功能组或功能项进行授权，根据不同用户需要实现用户对菜单、功能页面、基础数据等操作权限的明细化管理，提供最大限度的安全规则和安全策略。

4. 部门管理功能

部门管理功能使企业个体员工能够根据岗位来划分职责，是快速执行标准流程的有效方式。低代码平台中可以利用基础数据实现部门的管理，使用次级树的方式使得部门数据更具层级感。在管理层面上，低代码平台提供了新建、批量删除、批量启/停用、数据导入/导出等功能，实现对部门数据的维护。

5. 员工信息管理功能

与部门管理的方式相差无几，在次级树的部门数据基础之上，员工信息管理功能利用分组列表的方式将存储的员工信息根据新建时指定的部门永久性地保存下来，同时还提供了当前每个员工的岗位职责和基础信息的快速查询功能。

6. 车辆分类功能

汽车租赁平台用于维护车辆分类数据的标准策略。该功能模块可实现对公司所能提供租赁的车辆按大类、明细类别进行管理，利用基础数据树级结构保存数据，以达到数据的有效排列和层级划分。

7. 车辆管理功能

汽车租赁平台用于维护车辆数据的标准策略，在树级结构存储车辆分类数据的管理，之后利用基础数据中分组列表的方式来实现对车辆的管理,车辆就会根据新建时所指定的分类永久保存。

8. 客户信息管理功能

作为汽车租赁公司的重要资产和持续收入来源,客户资料尤为重要。在低代码平台利用基础数据中列表方式实现对客户信息的管理,安全、稳定、完整地将客户的一些重要数据保存到系统中,持有特殊身份的管理员才有访问和编辑权限。

9. 租赁单管理功能

车辆租赁平台满足客户租车需求,记录服务信息和实时开单的有效手段。低代码平台为其提供强大的单据设计器来实现快速制单,平台管理员只需使用鼠标拖动的方式就可以轻松实现单据的设计和保存,使得不同业务在复杂的客户关系之间实现快速变更。

单据设计器为其提供的各种控件,可以应对各种场景,让复杂的业务数据在单据中变得有条理、有张力,同时还提供了非常实用的公式规则,可以实现单据内的各种数据计算、数据调取、自动生成等功能,快速完成制单,提高工作人员工作效率,节省客户业务办理时间。

10. 业务流管理功能

车辆租赁平台的租车单据是不同角色员工实现快速业务流转审批的有效手段。通过低代码平台提供的工作流管理和业务与工作流绑定这两大模块,管理员可以快速完成配置,轻松实现单据业务流转。同时提供流程分支和驳回策略,使得单据在流转之间实现双向可逆,根据业务需要提交到不同角色中进行审批流转,彻底摆脱纸质单据处理中当面递交和沟通的低效。

对于以上介绍中提到的关于企业信息化的管理功能,如组织异动、回收站、功能树、次级树、分组列表等,都来自低代码平台以数据为维度的管理方式,后面章节会深入介绍。

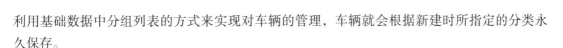

任务2.3 熟悉信息系统的管理流程

任务描述

为使读者更直观地理解管理流程,这里首先对车辆租赁业务实现流程进行简要描述。当客户提出租车需求后,客户经理会与其沟通,并在车辆租赁系统中填写租赁单,待信息填写完整后,将单据提交至财务处人员进行审批。在确认收费方式和上传收费凭证后,客户就可以领取钥匙完成提车,至此整个租车流程结束。赵同学通过了解企业主要的业务流程,理解业务运行逻辑,为后续系统开发设计做好准备。

任务实现

(1)客户经理填写的车辆租赁单包含的信息主要由五部分组成:基本信息、客户信息、其他信息、车辆信息、费用信息。其中基本信息主要包括标识单据的编号、日期和创建人以及该张单据的费用总计；客户信息主要包括客户姓名、证件号、手机号、信用卡号以及服务客户的客户经理姓名及手机号；其他信息用于填写一些备注信息；车辆信息主要包括车辆分类、品牌型号、车牌号、起租日期和归还日期；费用信息主要包括收取的费用类型和具体金额，根据填写的金额最终可以累加到总计费用中完成合计。

另外，在车辆租赁系统中，专管人员[①]可通过平台自带控件工具对单据进行二次设计，根据企业表样需要的自定义单据控件和布局样式，可以让系统人员[②]随需建立调整单据内容，可以同时保存多个单据模板以备调配。

（2）当租赁单信息填写完整无误后，客户经理要将该张单据进行保存和提交。在此之前，专管人员要完成租车单据的工作流设计，实现各类流程的过程管控并规范执行制度，之后客户经理才可进行单据提交。在车辆租赁系统中，专管人员想要完成设计业务工作流程，实际上只需要使用流程图形化界面，使用系统所提供的开始节点、人工配置节点和结束节点即可轻松、快速地完成流程设计。

视频
租车业务流程介绍

（3）当租赁单被客户经理提交后，根据工作流程的指引，该单据就会流转到下一人工节点进行审批，财务处收费审批员会根据提交的单据信息进行核查、收费并完成审批流程。在此之前，系统专管人员会为该岗位人员配置待办节点，当新单据提交后，就会立刻显示在待办列表中，方便该岗位人员查看和审批单据。

（4）客户经理和财务人员在日常工作的开始或结束时，会根据公司要求统计日常单据和收支数据，这就需要系统专管人员为其提供可以查看历史单据的方式。首先，客户经理为制单人，可为其配置单据列表页面，提供历史提交单据查询列表，而财务人员为审批单据的人工节点，可为其配置待办事项和已办事项，方便查看以往审批的历史单据。

无论是单据列表，还是已办待办，它们都支持可视化流程状态感知，实时跟进，在线催办，支持多种流程处理策略，支持灵活加签、跳转，流程日志清晰明了，可查看任何流程细节。

在本单元余下任务中，将依次对系统管理员、信息管理员、客户经理、财务人员的日常工作内容和业务流程进行介绍，通过沉浸式体验系统不同用户的分工协作，最终能够宏观把握信息系统管理业务逻辑。

任务2.4 认知系统管理员工作日常

任务描述

袁泉是畅捷出行集团的系统管理员，主要负责公司的岗位管理、新员工注册平台账号、用户授权等工作。

[①] 专管人员：是指在某个组织或单位中负责特定职能的人员，属于负责一类事务的专属负责人，在相关区域具有较高的权威性和决策能力。

[②] 系统人员：这里代指具有"系统管理员"身份的角色用户，通过为其赋予特殊权限用于专项负责某种事务的托管人员。

新的一天，畅捷出行集团的系统管理员袁泉要为来公司考察学习的常老师和赵同学开通车辆租赁系统的体验账号并对账号进行权限管理。常老师和赵同学通过体验系统管理员在工作过程中的常用功能（包括角色管理、用户管理、权限管理等），快速了解公司的业务流程。

任务实现

（1）系统管理员登录车辆租赁系统，首先操作角色管理功能，在全部角色下单击"新增"，新建角色分组，输入分组名称（体验组），单击"确定"，成功添加新的分组；选中新增的"体验组"，再次单击"新增"完成角色的新建，输入角色标识（TYJS）、角色名称（体验角色）、确定现有所属分组为"体验组"，单击"确定"。

（2）再次选中新增的"体验组"下新建的"体验角色"，单击授权，在"权限资源"后方单击输入框（默认显示角色资源），展开后选择"功能资源"，在下方找到并单击"功能菜单"，在右侧就会出现当前"功能菜单"下的所有权限列表，将"车辆租赁系统"勾选为"访问"权限，单击上方"保存"按钮并退出。

（3）继续利用系统管理员用户操作用户管理功能，展开"行政组织"，选中"畅捷出行集团"，单击"新建"，新增用户，输入登录名（tyzh）、用户名称（体验账号）、密码（1）、确认密码（1）、单击所属角色框中右侧小图标▦，在左侧框中选中体验组下的"体验角色（TYJS）"，单击中间的"选择"按钮，单击"确定"。之后确认所属机构是否为"畅捷出行集团"，如无误则单击"确定"，新用户创建成功。

（4）此时，常老师和赵同学就能够使用新开设的账号登录车辆租赁系统平台（第一次登录须强制修改默认密码），校验是否可以登录成功访问平台首页，并查看和确认是否拥有体验环境。

任务2.5　认知信息管理员工作日常

任务描述

王慧是畅捷出行集团的信息管理员，负责公司客户以及车辆登记工作，今天要在车辆管理系统录入新的客户和车辆信息。赵同学通过学习使用"客户信息管理""车辆信息管理"功能，了解企业信息管理员在日常工作中如何管理简单业务对象数据。

视频

信息化系统体验：信息管理员工作日常

任务实现

（1）王慧作为信息管理员，已为其开通了员工账号进行登录。

（2）对客户信息进行管理，它主要用于永久存储客户的重要资料。单击基础数据"客户信息"功能，单击"新建"，在弹出的新窗口中输入客户姓名、证件号、手机号、信用卡号、驾照信息，单击"确定"后保存成功，并在信息列表中查看是否正常显示。

（3）对车辆信息管理—车辆分类进行管理，它主要用于永久存储车辆分类。单击车辆分类，单击"新建"，在弹出的新窗口中输入分类代码和名称，代码保证唯一性和连贯性即可。由于分类是以树级结构存储数据的，所以需要在新建时选择父级，这样可以让每个新增的数据形成上下级结构，如果该添加的数据本身为根级，父级选择"无"即可。

（4）对车辆信息管理—车辆进行管理，它主要用于永久存储租赁公司已有并挂牌租赁的车辆信息。单击车辆，单击"新建"，在弹出的新窗口中输入车辆代码、车辆名称、车辆分类、车牌号、购置日期、入账价值以及备注信息。

任务2.6　认知客户经理工作日常

视频

信息化系统体验：客户经理工作日常

任务描述

通过赵同学的调查，在新的一天里，资深客户经理周深接待了一名新客户，通过客户的需求描述和租车服务的业务介绍，双方经过沟通达成一致。客户签订租车协议后，周深为其填写和提交了车辆租赁单至财务人员审核。赵同学通过学习使用"新建、保存、提交租赁单"功能，了解企业客户经理在日常工作中如何使用信息化系统，帮助客户办理业务登记手续。

任务实现

（1）周深作为客户经理，已为其开通了员工账号进行登录。

（2）登录后，单击租赁管理旗下的租赁单可以进行制单填写，详细内容概况已在信息系统业务管理流程中介绍。当单据信息全部填写完毕后，依次单击保存对该张单据信息进行存储、单击提交进行下一工作流的审批环节。

（3）在租赁单中还提供了修改功能，当信息保存后发现填写错误或该单据因信息不准确被驳回后，可单击"修改"按钮补充信息。

（4）当单据提交后，因某种原因单据暂时不需要进行下一环节审批时（如客户取消租车需求），可以单击"取回"按钮将该张单据进行撤回操作。

（5）另外，还可以在该张单据提交后单击查看流程按钮观察单据的当前状态，得知单据已进行到哪一节点，做到流程状态实时跟踪。

（6）想要查看以往保存的历史单据，可通过单击租赁单管理查看，以列表的形式展现历史单据，可看到单据的审批状态、客户姓名、接待经理（制单人）、费用总计、租车等信息。

（7）单击驳回事项，显示为历史审批驳回的单据列表。可看到业务类型、业务编号、制单人、金额、驳回原因和接收时间等信息，同步提供搜索功能。

单元 2　信息化系统体验

任务 2.7　认知财务人员工作日常

任务描述

通过赵同学的调查，尚芳是畅捷出行集团的财务人员，负责车辆租赁费用的审核办理。赵同学通过学习使用"我的待办工作流"功能，了解企业财务人员在日常工作中如何审批待办流程单据，并完成业务收费办理。

任务实现

（1）尚芳作为财务审批人员，已为其开通了员工账号进行登录。登录后，可以看到审批管理根节点，在其下提供了待办事项和已办事项两大功能。

（2）单击待办事项，以列表的方式显示未审批的租赁单，单击业务编号会以新窗口的方式打开单据详细信息，同时提供搜索功能，可以对业务类型、业务编号、接收时间等进行搜索范围查询。

（3）在待办事项中，不显示已同意审批的单据，想要查看历史审批同意的单据，需要单击已办事项，它可以显示过往审批同意的单据列表，可看到业务类型、编号、制单人、操作时间等信息，同步提供搜索功能。

（4）财务审批通过，为客户提供租车手续和钥匙等实物，客户自行提车，流程结束。

信息化系统体验：财务人员工作日常

单元考评表

信息化体统体验考评表

被考评人		考评单元	单元 2　信息化系统体验	
考评维度		考评标准	权重（1）	得分（0~100）
内容维度	信息系统的用户范围	掌握核心用户的作用及角色说明	0.05	
	信息系统的业务对象	掌握各职能部门的业务管理对象	0.05	
	信息系统的管理流程	掌握各职能部门的业务管理流程	0.05	
	各个角色的工作日常	掌握各个角色之间的业务管理日常	0.05	

续表

任务维度	熟悉系统用户范围	系统用户的分类和页面权限	0.2	
	熟悉用户所管理的范围及业务流程	组织机构、用户、授权、部门、员工信息、车辆分类、客户、租赁单、业务流的管理方式，以及制单审批流程	0.2	
	熟悉各个角色的工作日常	系统管理员、信息管理员、客户经理、财务人员的工作日常	0.2	
职业维度	职业素养	能理解任务需求，并在指导下实现预期任务，能自主搜索资料和分析问题	0.1	
	团队合作	能进行分工协作，相互讨论与学习	0.1	
加权得分				
评分规则		A	B	C	D
		优秀	良好	合格	不合格
		86～100	71～85	60～70	60以下
考评人				

单元小结

　　企业信息化建设依托于整个企业的经营管理系统，需要借助社会的多方力量来共同构建。企业信息化建设与其说是一场技术变革，不如说是对企业的经营改革，即借用先进的工具（信息化）对企业的经营管理进行合理的整合，提升其核心竞争力。企业信息化的建设思路是随着管理理念和信息技术的发展而不断发展变化的。车辆租赁系统是畅捷集团的企业管理工具，是将企业管理思想运用于管理实践的手段，对实现企业组织运行的稳定性、规范性、高效性有明显的推动作用。

　　本单元简单介绍了车辆租赁系统案例信息化系统的用户范围、管理对象以及业务流程，并以不同系统用户身份演示了使用信息化系统的日常工作过程，为第二篇的开发与实践工作奠定了认知基础。

单元习题

1. 选择题

（1）关于系统业务对象说法更准确的是_____。

A. 用于管理系统平台的业务数据

　　B. 用于管理系统平台的用户数据

　　C. 用于管理系统平台的客户数据

　　D. 用户管理系统平台的业务流程

（2）如果设计企业请假系统，那么合理的用户范围是_____。

　　A. 系统管理员、财务人员、客户经理、客户

　　B. 系统管理员、信息管理员、人事经理、部门经理

　　C. 系统管理员、信息管理员、教务处主任、学生

　　D. 客户经理、信息管理员、人事经理、员工

（3）信息管理员的主要工作日常包括_____。

　　A. 维护客户、车辆信息

　　B. 维护部门、员工信息

　　C. 维护租赁业务、协作流程

　　D. 维护车辆信息、协作流程

（4）车辆租赁公司的用户范围包括_____。

　　A. 系统角色、市场部主管、人事科科长、财务经理、财务

　　B. 系统角色、市场部主管、信息管理员、客户经理、财务

　　C. 系统角色、系统管理员、信息管理员、客户经理、财务

　　D. 系统管理员、信息管理员、客户经理、财务经理、财务

（5）业务对象包括_____（多选）。

　　A. 组织机构、用户管理、授权管理

　　B. 员工管理、部门管理

　　C. 客户管理、车辆分类管理、车辆管理

　　D. 租赁单管理、业务流管理

2. 填空题

（1）畅捷集团车辆租赁系统的核心功能主要有员工管理、客户管理、车辆管理、车辆租赁流程管理四大类，系统核心用户主要有四大类：_____、_____、_____和_____。

（2）客户信息管理功能是汽车租赁公司的重要资产和持续收入来源，所以客户资料尤为重要。在低代码平台中利用_____中列表方式实现对客户信息的管理，安全、稳定、完整地将客户的一些重要数据保存到系统中，持有_____才能够访问和编辑。

（3）当租赁单信息填写完整无误后，客户经理要将该张单据进行_____和_____。

（4）对车辆信息管理—车辆进行管理，它主要用于永久存储租赁公司已有并挂牌租赁的车辆信息。单击车辆，单击"新建"，在弹出的新窗口中输入_____、_____、_____、_____、_____、_____以及备注信息。

（5）作为财务审批人员，进行用户登录后，可以看到审批管理根节点，在其下提供了_____和_____两大功能。

3. 简答题

（1）请描述车辆租赁系统每个角色的定位及作用。

（2）初步了解信息化系统后，请简述你对信息化系统的理解与思考（要求不少于200字）。

第二篇

开发与实践

从本篇开始,将进入车辆租赁系统搭建实操阶段。赵同学需求调研工作完成后,在四位老师的组织下,召开项目需求研讨会,确定工作计划表,最终决定由钱同学、孙同学、李同学根据需求规格说明书进行功能实现,赵同学进行需求支持,详细实现步骤将按照单元顺序完成。具体的任务分工见表3-1。

表 3-1 任务分工

任务	带队教师	学生
单元3 设置系统门户 单元4 行政组织机构实践 单元5 基础数据实践	周老师	钱同学
单元6 数据建模实践 单元7 业务表单实践 单元8 公式应用实践 单元9 打印设置实践	玖老师	孙同学
单元10 业务列表实践 单元11 用户权限实践 单元12 工作流实践	琪老师	李同学
需求支持	常老师	赵同学

单元 3　设置系统门户

情境引入

经过常老师和赵同学的调研后,老师们带领同学们学习调研结果。学习小组和调研小组经过几轮的深入交流和探讨后,明确了系统定位和规范流程,首先需要配置功能架构并搭建连接企业内部和外部信息的窗口。由周老师指导,钱同学在本单元中将结合调研报告完成车辆租赁平台系统门户的建设。

学习目标

（1）掌握编辑功能树实现菜单访问功能。
（2）掌握首页设计中全局属性、图与图片轮播、多页签、工作流设计、访问量统计块的配置方式。
（3）掌握登录页设计中主题设置、背景设置、页脚设置、登录框设置。
（4）培养在设计方面的创新能力和细致入微的耐心。
（5）提升在设计方面敏锐的洞察力和观察力。

任务 3.1　配置车辆租赁平台功能树

任务描述

本任务目标以"车辆租赁公司"为例,搭建钱同学在建设过程中所需要用到的一些系统配置,搭建根据业务需求所定义的业务流程、单据流转、单据查看列表等功能,后续可根据实际需求再补充完善。

技术分析

为了在系统中顺利搭建车辆租赁平台功能树,需要掌握如下操作:
（1）通过单击打开编辑模式,选择门户皮肤,改变窗体标准颜色。
（2）通过导航设置中导航方式,改变功能树显示位置和显示方式。
（3）通过"添加同级"或"添加下级",按照功能对照表添加菜单树功能列表。

任务实现

用户登录低代码平台，进入首页页面（一般由菜单和首页内容组成），左侧为菜单项，右侧为首页展示车辆租赁平台的信息。在菜单项中，会根据已登录用户实际需要，将配置授权的功能模块展示到菜单中，以供用户快速开展工作。此时就需要实施管理员对一些角色的用户配置相关菜单项，以保证用户正常工作。

接下来按照功能模块清单，见表 3-2，完成要求的功能树菜单搭建。

表 3-2 功能模块清单

功能菜单名称	绑定应用	绑定模块	模块参数
机构类型管理	@nvwa- 组织机构	机构类型管理	无
机构数据管理	@nvwa- 组织机构	机构数据管理	无
角色管理	@nvwa- 角色管理	无	无
用户管理	@nvwa- 用户管理	无	无
枚举管理	@nvwa- 基础数据	枚举数据管理	无
基础数据管理	@nvwa- 基础数据	基础数据定义	无
数据建模	@va-VA 元数据	数据建模	无
单据管理	@va-VA 元数据	元数据管理	单据管理
单据编号管理	@va-VA 单据	单据编号管理	无
单据列表管理	@va-VA 元数据	元数据管理	单据列表管理
工作流管理	@va-VA 元数据	元数据管理	工作流管理
业务与工作流绑定	@va-VA 工作流	业务与工作流绑定	无

视频

配置功能树

（1）单击进入编辑模式，单击"添加同级"，标题重命名为"系统配置"。再次选择"系统配置"，继续单击"添加下级"，在绑定应用中输入"组织机构"，在绑定模块中选择"机构类型管理"，标题修改为"机构类型管理"。

（2）光标定位在"机构类型管理"功能树菜单下，单击"添加同级"，在绑定应用中输入"组织机构"，在绑定模块中选择"机构数据管理"，标题修改为"机构数据管理"。

（3）继续单击"添加同级"，在绑定应用中输入"角色管理"，标题修改为"角色管理"。

（4）继续单击"添加同级"，在绑定应用中输入"用户管理"，标题修改为"用户管理"。

（5）继续单击"添加同级"，在绑定应用中输入"基础数据"，在绑定模块中选择"枚举数据管理"，标题修改为"枚举管理"。

（6）继续单击"添加同级"，在绑定应用中输入"基础数据"，在绑定模块中选择"基础数据定义"，标题修改为"基础数据管理"。

（7）继续单击"添加同级"，在绑定应用中输入"元数据"，在绑定模块中选择"数据建模"，标题修改为"数据建模"。

（8）继续单击"添加同级"，在绑定应用中输入"元数据"，在绑定模块中选择"元数据管理"，标题修改为"单据管理"，在模块参数中选择"单据管理"。

（9）继续单击"添加同级"，在绑定应用中输入"单据"，在绑定模块中选择"单据编号管理"，标题修改为"单据编号管理"。

（10）继续单击"添加同级"，在绑定应用中输入"元数据"，在绑定模块中选择"元数据管理"，标题修改为"单据列表管理"，在模块参数中选择"单据列表管理"。

（11）继续单击"添加同级"，在绑定应用中输入"元数据"，在绑定模块中选择"元数据管理"，标题修改为"工作流管理"，在模块参数中选择"工作流管理"。

（12）继续单击"添加同级"，在绑定应用中输入"业务"，在绑定模块中选择"业务与工作流绑定"，标题修改为"业务与工作流绑定"，默认视角选择"业务视角"。

相关知识

账户被授权访问"菜单管理"权限之后，页面右上角会出现"编辑"按钮。单击后进入编辑界面，之后就可以进行"门户皮肤""导航设置""添加同级""添加下级""删除"等一些操作。以下对"功能树编辑"中操作菜单树按钮的作用以及应用方式作详细阐述。

1. 门户皮肤

低代码平台默认提供了一些门户皮肤，可供用户选择，用来改变主题皮肤，其中包括"默认主题""红色主题""GD 主题"等，如图 3-1 所示。

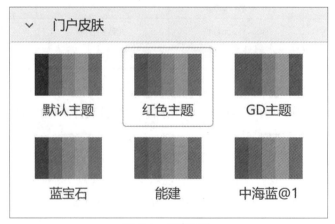

图 3-1 门户皮肤

主题的样式多种多样，更多主题可以通过拓展的方式引入，或通过编码方式增加，如图 3-2 所示。

单元 3　设置系统门户

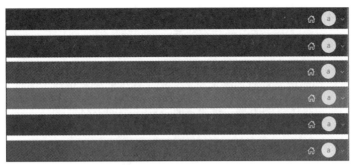

图 3-2　主题样式

2. 导航设置

导航设置用于调整页面左侧导航栏（功能树菜单）显示样式的基本调整。提供的配置项有导航方式、导航菜单、菜单宽度、登录系统默认打开菜单设置，如图 3-3 所示。

（1）导航方式：可以设置菜单树以左侧方式（默认）显示，或上侧显示，或左侧+上侧显示，通过在导航中以下拉框的方式进行选择调整，如图 3-4 所示，分别为"左侧""上侧""左侧+上侧"的菜单效果。

图 3-3　导航设置

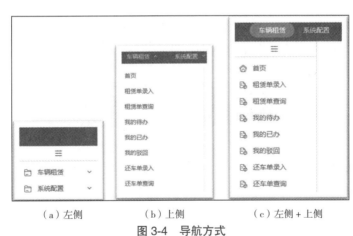

　　（a）左侧　　　　　（b）上侧　　　　（c）左侧+上侧

图 3-4　导航方式

（2）导航菜单：用于设置在新页面打开或本页面刷新后菜单的展开方式，包括"自适应""默认展开""默认收起"。自适应是保留用户对菜单的操作；默认展开是将所有根节点下子节点全部展开；默认收起是将所有根节点下子节点全部收起。

（3）菜单宽度：用于调整左侧竖行菜单的宽度，直接用数字调整即可，默认单位为像素（px）。

（4）登录系统后：提供了两种选项。①显示欢迎页或打开已锁定的功能菜单；②打开上一个会话中的功能菜单（默认）。当用户登录（或重新登录）后，第①种是之前页面不保留，当用户登录后直接显示欢迎页或被锁定的某个首页；第②种是始终打开上一页保留的页面。

3. 添加同级

添加同级是编辑功能树的重要功能项之一，用于新增左侧菜单树主节点。每次单击后会默认新增一个节点，并同时在右侧出现"基本设置"用于当前节点的配置。如果首次单击，会出现根节点标签。

4. 添加下级

添加下级是编辑功能树的重要功能项之二，用于新增左侧菜单树子节点。每次单击后会默认新增一个节点，并同时在右侧出现"基本设置"用于当前节点的配置。如果功能树在没有任何标签节点时，是不允许单击的，即想要添加下级，就必须要选中某个主节点才可添加成功，添加成功后该子节点会向右错位显示以彰显子节点的特征。

5. 删除

删除用于删除节点，单击"删除"后会弹出提示框再次确认删除。如果删除后未进行保存直接单击退出，则会恢复到删除前的节点状态。

6. 保存、发布

当功能树菜单编辑好后，需要依次按照顺序单击"保存""发布"按钮，并且依次会弹出提示"保存成功"和"发布成功"。如果只保存未发布，退出之后，显示的是编辑前的界面效果，但如果再次回到编辑界面，会保留之前编辑后的节点。如果只发布未保存，退出之后，显示的也是编辑前的效果，再次回到编辑界面，之前新编辑的节点也会消失。所以，建议在每一次编辑新节点后，都依次单击"保存""发布"再退出。

任务 3.2　设计租车平台首页

任务描述

本任务以"租车平台"为例设计首页，登录后展现租车服务数据和便捷操作功能。在实际建设过程中，钱同学需要使用到轮播图、工作事项、访问人数统计、常用功能作为设计目标和搭建所需的任务组件，来完成车辆租赁公司首页设计。

技术分析

为了在系统中顺利搭建租车平台首页，需要掌握如下操作：

（1）通过编辑模式将"首页配置"和"首页"添加至菜单中。

（2）通过拖动"图片轮播"配置图片、标题实现轮播图。

（3）通过拖动"多页签"和工作流设计实现在同一页面中切换不同视图展现不同内容。

(4)通过拖动"访问量统计块"实现实时监控在线人数等信息。

(5)通过拖动"常用功能"配置菜单中功能项实现常用功能展示。

任务实现

在低代码平台中,门户设计的方式之一就是首页,即登录后可以为客户立即展现的页面。本任务中将介绍"首页配置"和"首页绑定"两大功能项。

1. 首页配置

专属用于设计首页展现的内容,并且可以设计保存多种样式、风格不同的首页,只需命名不同的名称即可。

2. 首页绑定

首页绑定即在多种样式风格中挑选其中一套作为临时的首页。当需要更换主题时,一键切换另外一套主题风格,实时更换、便捷快速。

在设计首页的过程中,主要应用的模块就是首页配置。首页配置和调整的过程步骤依次为全局属性与图片轮播、常用功能、多页签、访问量统计块和工作流待办,这几大控件共同实现车辆租赁系统的首页作为用户常用的功能展示。

在了解首页配置一系列功能项后,接下来动手制作车辆租赁系统的首页。首页制作完毕后的总览如图 3-5 所示。

图 3-5 首页总览

视频 ●
编辑首页配置
模块、配置
banner轮播图

(1)编辑模式下在"系统配置"中新增"首页配置"模块,单击进入编辑模式,鼠标选择"系统配置",继续单击"添加下级",在绑定应用处搜索"首页",找到搜索结果中的"首页配置"并选中。

(2)继续在编辑模式下在"系统配置"中新增"首页"模块。单击"保存"按钮,提示保存成功字样后,单击"发布"按钮,提示"发布成功"后,退出编辑模式。

（3）找到并打开"系统配置"中的"首页配置"，单击右侧"添加首页"，在设置全局属性中将首页名称重命名为"车辆租赁初期首页"，如图3-6所示。

图3-6　全局属性

（4）在"首页配置"顶部菜单中找到"图片轮播"拖动到下方空白处，将默认图片删除，上传三张车辆图片，箭头以"鼠标悬浮显示"，轮播方式选择"卡片轮播"，导航样式选择线型，事件选择悬浮，边框中模糊距离输入50 px，阴影颜色为rgba(144,14,238,0.5)。

（5）继续在"顶部菜单"处找到"多页签"，拖动到"轮播图"的下方，拉伸全局一半宽度，在多页签中单击"+"添加第三个页签。

（6）在"顶部菜单"处找到"工作流"，分别拖动到"多页签"中的每个页签中，单击第一个页签，在"内容属性"中"待办类型"处选择"我的审批待办"，在第二个页签中选择"我的工作流已办"，在第三个页签中选择"我的驳回待办"，并从左至右依次重命名页签为"待办事项"、"已办事项"和"驳回事项"。

（7）在"顶部菜单"处找到"访问量统计块"，拖动到"多页签"的右侧，拉伸至与其占比各一半，保持高度一致。

配置页签工作流及访问量和常用功能

（8）在"顶部菜单"处找到"常用功能"，拖动到最下方，宽度拉伸至100%，之后在"区域属性"中单击"+"添加八个常用功能。之后依次单击"保存""发布""关闭"。

（9）在页面右上角单击进入编辑模式，找到左侧功能树中"车辆租赁"下子功能"首页"并单击，在"首页"的模块参数中，找到首页模板选择"车辆租赁初期首页"，之后依次单击"保存""发布"按钮，退出编辑模式。并在页面中单击"首页"模块，即可看到最终配置的首页功能，如图3-7所示。

图3-7　首页功能

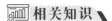 **相关知识**

以下对"首页配置"模块常用功能项的作用以及应用方式作详细阐述，以便于进行拓展性操作。

1. 全局属性

全局属性用作首页整体配置，包括首页名称、主题、布局、页面设置、样式设置、边框设置、标题设置和块区域设置，如图3-8所示。最后三项会在其他控件的功能中详细介绍，在此不做阐述。

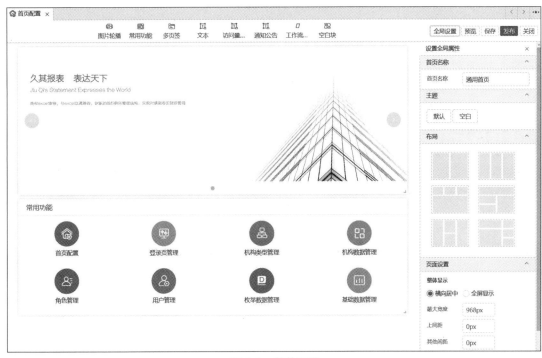

图3-8 整体配置

（1）首页名称：由于低代码平台支持多种首页样式，因此可以在添加首页处新建来保存多个首页，用来满足不同风格用户对首页展示需求。此时需要为每个首页命名来区分它们，所以首页名称可以在属性中进行重命名的操作。

（2）主题：内含系统自带的前置默认主题和空白主题，可根据实际需求进行恢复和重置的操作。

（3）布局：内含系统自带的六种前置默认布局，包括"左右拆分布局""左中右拆分布局""上左中右下总览布局""上总览下拆分左右布局""左中右竖中切布局""新闻详情布局"，在新配置中可以根据实际需求优先选择布局布置。

（4）页面设置包含：

①整体显示可以单选"横向居中"和"全屏显示"，横向居中可以按照最大宽度在页面水平居中显示整个首页内容，全屏显示则是将整个首页内容铺平显示。

②最大宽度：设置整个首页在浏览器中的水平宽度，用数字调整，单位为像素（px）。

③上间距：设置调整首页与浏览器上部之间的距离，用数字调整，单位为像素（px）。

④其他间距：设置调整首页与浏览器左下右之间的距离，用数字调整，单位为像素（px）。

（5）样式设置：可以选择用图片或纯色作为首页背景，单击图片可上传选择本地图片，单击纯色直接选择颜色或输入 rgba 的颜色值调整。

2. 图片轮播

进入首页配置后，默认存在欢迎使用 logo 的图片轮播控件，也可以在顶部菜单处鼠标拖动到空白区域新增此控件。该控件支持横纵向鼠标拉伸，并且在单击轮播图后会立即展现区域属性。其中设置的属性内容非常丰富，包括轮播整体设置、轮播导航设置、轮播图片设置、边框设置、块区域设置，如图 3-9 所示。

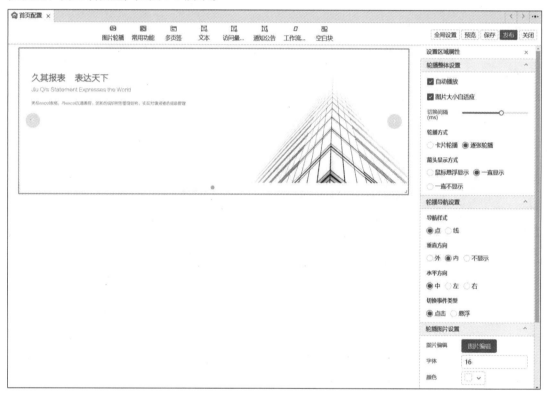

图 3-9　图片轮播

（1）轮播整体设置包含：

①自动播放功能：勾选后可以根据上传的图片数量不小于一张时自动切换，切换间隔时间可以调整，默认单位为毫秒（ms）。

②图片大小自适应：勾选后会根据浏览器窗口的宽度自动调整图片缩放，达到美观展现效果；取消勾选后图片会按照实际上传时的分辨率展现，可能会造成图片"失真"现象。

③轮播方式：可选"卡片轮播"和"逐张轮播"两种方式之一。卡片轮播即整屏展示三张图片，分别为左中右排列，其中中部图片带有放大效果，左右两张各显示缩小效果，之后每张

图片都会按照顺序位置轮流放入中部放大显示，依次轮播。逐张轮播是整屏只显示一张图片，之后按照顺序依次轮播。

④箭头显示方式：可选"鼠标悬浮显示""一直显示""一直不显示"三种方式之一，箭头的作用是用来手动单击切换轮播图片。

（2）轮播导航设置包含：

①导航样式：用来设置图片正中央下方显示图片序号，可以选择以"点"的方式或以"线"的方式显示。图片被切换后，当前图片排列的"点"或"线"背景颜色加深，凸显当前图片的序列号。

②垂直方向：作用是选择导航样式摆放的位置，选择"外"会在图片正下方位置单独显示，选择"内"会在图片正下方和图片重叠显示，选择"不显示"则不会显示导航样式。

③水平方向：作用是设置导航样式的显示位置，可以选择"中""左""右"，分别为居中显示、居左显示和居右显示。

④切换事件类型：可以选择用"单击"导航序列来切换图片，或选择用鼠标"悬浮"到导航序列上来切换图片。

（3）轮播图片设置包含：

①图片编辑：用来上传图片，单击后会弹出新窗口，单击"+"选择多张本地图片进行上传。上传后的每一张图片都可以设置图片描述（会在当前图片的正下方显示文字）和单击本张图片后的跳转链接；上传的图片均可被编辑删除。

②字体：用来设置图片描述文字的字体大小，直接用数字编辑即可看到效果。

③颜色：用来设置图片描述文字的字体颜色，单击后直接选择颜色或输入 rgba 的颜色值调整。

④文字水平方向：包括水平居左、水平居中或水平居右方向显示。

⑤文字垂直方向：包括垂直居上、垂直居中、垂直居下方向显示。

（4）边框设置包含：

①边框：用来选择有无边框。如果选择有边框，直接选择像素值即可立即显示轮播图边框。注意：此边框并不是用于设置图片边框的，而是整个轮播图控件的最外部边框。

②边框颜色：单击后直接选择颜色或输入 rgba 的颜色值调整。

③模糊距离：用来调整阴影的扩散范围，以像素值为单位，如调整后没有效果，可能是因为阴影颜色不明显，建议在阴影颜色中调整颜色后再试。

④阴影颜色：单击后直接选择颜色或输入 rgba 的颜色值调整。

（5）块区域设置包含：

①块背景图：单击上传选择本地图片作为整个轮播图的背景图片。

②填充方式：可以选择"内嵌""裁剪""铺满"三种方式之一来决定背景图片平铺方式。

③块区域内边距：主要用于调整边框和整个轮播内容之间的距离，单位为像素（px）。

④块背景色：单击后直接选择颜色或输入 rgba 的颜色值调整背景纯色填充。

3. 常用功能

可以在顶部菜单处鼠标拖动到空白区域，从而新增常用功能控件。该控件支持横纵向鼠标拉伸。使用此控件可以将一些平台模块的常用功能放到首页中显示，方便快速定位到指定模块位置。该控件的区域属性也是通过单击后展现。属性包含内容属性、图标属性、边框设置、标题设置和块区域设置，如图 3-10 所示。

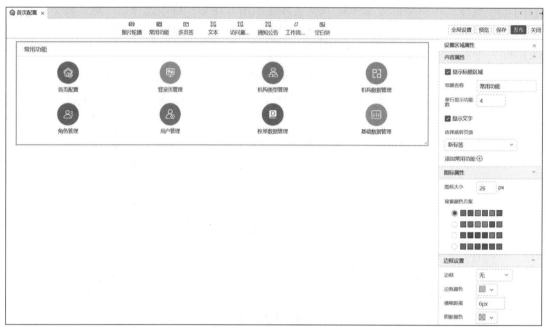

图 3-10　常用功能

（1）内容属性包括：

①显示标题区域：可以配置是否显示常用功能的顶部标题，并且可以通过"标题名称"属性设置标题文字内容。

②单行显示功能树：用数字表示常用功能中一行显示的图标数量。

③显示文字：可以配置是否显示每个图标下方的解释文字。

④选择跳转页面：即选择跳转方式，选择"新标签"就是从当前页面跳转到指定页面的方式打开；选择"模态窗口"是以最大化的方式打开新功能页面；选择"浏览器页签"是以浏览器新的页签方式打开。

⑤添加常用功能，也是该控件最核心的功能，单击"+"，在弹出的新窗口中选择功能树，将已发布的功能菜单加入到"我的常用功能"中，单击"确定"后即可看到控件中显示出已选择的功能清单。

（2）图标属性包括：

①图标大小：输入数字即可改变图标的大小，单位用像素表示。

②背景颜色方案：一共提供四种方案，单击选择。

（3）标题设置包括：

①标题区高度：可以配置标题区域的上下高度，用数字表示，单位为像素（px）。
②标题区背景色：单击选择颜色或输入 rgba 的颜色值调整背景纯色填充。
③标题区边框：单击选择颜色或 rgba 的颜色值调整边框颜色，并通过下拉框选择边框粗细程度，单位为像素（px）。
④标题字体：单击选择颜色或 rgba 的颜色值调整字体颜色，并通过输入数字调整标题字体大小。
⑤标题位置：可以选择居左、居中来决定显示位置。

除上述功能外，还提供了"边框设置"和"块区域设置"，两项属性与图片轮播功能中的属性用法一致，不作重复说明。

4. 多页签

多页签用于在一个页签控件中实现切换多个视图，每个视图中可以拖动其他具有显示功能、数据的控件。需要注意的是，禁止多页签中拖动多页签的操作。该控件支持横纵向鼠标拉伸。区域属性设置包含"页签属性""边框设置""标题设置""块区域设置"。页签属性提供了页签名称，用于修改每个页签的标题名称，单击页签标题即可进行修改，如图 3-11 所示。

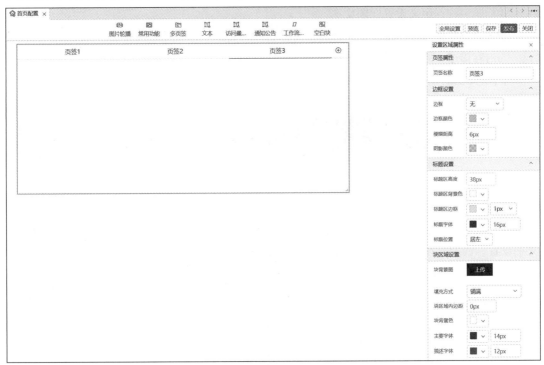

图 3-11 页签

其中"边框设置""标题设置""块区域设置"与之前介绍的其他控件中的用法一致，这里不作重复说明。

5. 访问量统计块

访问量统计块用于显示用户访问量的统计控件，支持横纵向鼠标拉伸。区域属性包括"组件设置""边框设置""块区域设置"。其中组件设置提供了复选框可以勾选显示不同种类的访问量，包括：当前在线人数、今日总访问量、本周访问量、最近两周访问量、最近三周访问量、本月访问量、最近三个月访问量、最近半年访问量、本年访问量、系统总访问量，根据实际需求选择显示内容。"边框设置""块区域设置"与之前介绍的其他控件中的用法一致，不作重复说明。

6. 工作流待办

工作流待办用于显示与当前用户有关的单据流转审批待办、驳回待办、工作流已办，支持横纵向鼠标拉伸。区域属性包括"内容属性""边框设置""标题设置""块区域设置"，其中"边框设置""标题设置""块区域设置"与之前介绍的其他控件中的用法一致，不作重复说明。

内容属性包括：

①待办类型：可以根据实际需求选择"我的审批待办""我的驳回待办""我的工作流已办"，来显示单据流程运转中的待处理事项。

②显示标题的勾选项：可以决定是否显示工作流待办的标题文本。

③标题名称：用来设置标题文本。

④区分业务类型：用来决定是否显示待办类型的文本名称（或称内容描述）。

⑤内容描述：用来设置待办名称文本。

⑥图标配置：可以选择本地文件改变待办图标。

任务 3.3　设计租车平台登录页

任务描述

本任务将为"车辆租赁平台"设计登录页，包含设计登录页背景、logo 和登录框以及一些文字设置。钱同学在实际建设过程中，需要使用到登录页配置中的全局设置、门户主题设置、登录框设置三大模块，为其车辆租赁公司设计登录页。

技术分析

为了在系统中顺利设计平台登录页，需要掌握如下操作：

（1）通过编辑模式将"登录页管理"添加至菜单中。

（2）通过设置门户主题选择所需主题。

（3）通过背景填充类型设置图片背景，并选择填充方式完成背景设置。

（4）通过文字设置选择上传图片，完成 logo 设置。

（5）通过页脚设置编辑页脚，显示文本内容，设置企业说明或联系方式。

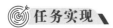

在低代码平台中进行门户设计的另外一种方式就是登录页,即通过输入网址打开后第一个为客户展现的页面,也就是本任务中的"登录页配置"功能模块。它是专属用于设计登录页展现的内容,并且可以设计保存多种样式风格不同的登录页,只需命名不同的名称即可。

在设计登录页的过程中,依次需要对登录页的背景设置、logo 设计、登录框的背景、文字标题、文字颜色、文字大小、图与图片和文字的偏移量、整体宽度、页脚高度等进行统一设置,实现车辆租赁系统的登录页作为用户常用的功能展示。租车平台登录页设计具体操作如下:

(1)单击进入编辑模式,选择"系统配置",单击"添加下级",在绑定应用处搜索"登录",找到搜索结果中的"登录页管理"并选中,完成在编辑模式下的"系统配置"中新增"登录页管理"模块的操作。之后单击"保存",提示保存成功字样后,单击"发布",提示"发布成功"后,退出编辑模式。

配置背景及logo

(2)打开"登录页管理",系统默认存在一个"默认登录页",单击"编辑"进入编辑模式。

(3)在全局设置的门户主题中,切换到"主题 3",并单击主题中央空白处,打开主题设置。

(4)调整登录页背景设置:在背景设置中,选择图片(图片自选),填充方式为"填充"。文字设置处选择"显示 logo",单击"上传图片"(图片自选),上偏移和左偏移各为 1。页脚文字内容修改为"畅捷车辆租赁公司"。

配置登录框背景及文字

(5)单击中央的登录框,右侧会显示登录框的一些设置。首先在"背景设置"中选择图片(图片自选),填充方式选择"填充"。在文字设置中设置"登录区域宽度"为 23,不透明度为 80,标题名称改为"车辆租赁系统",文字大小改为 26 px,其余不变。

相关知识

以下对"首页配置"模块常用功能项的作用以及应用方式作详细阐述。

1. 全局设置

全局设置用作登录页整体配置,包括标题属性和门户主题。

(1)标题属性:显示该主题的名称和路径,但由于系统提供的是默认主题,所以该项仅仅是只读,不允许修改。自行开发并上传的主题是可以更改的。

(2)门户主题:登录页设置的主要功能,用来设置主题,同时也提供了上传主题功能,但自定义主题需要很严谨的 JSON 格式。系统默认提供了三种主题,分别是默认主题、主题 2、主题 3。

2. 主题设置

单击中间已选取的主题后,会在右侧显示主题的一些设置,包括背景设置、文字设置、页脚设置。

（1）背景设置：用于调整整个登录页的背景，可以用颜色和图片设置。单色背景可以单击选取颜色或输入颜色的十六进制码进行调整。选择图片则可以上传本地图片，格式为常用格式如 JPG、PNG 等，并可以选择调整图片的填充方式：填充、适应、拉伸。

（2）文字设置：用于调整登录页 logo，可以选择是否显示 logo，上传图片后可以更改 logo。图片大小可以选择为原图显示（即默认上传图片大小分辨率），或以自定义的方式用数字调整大小，无须指定单位。同时，还提供了 logo 在整个登录页位置的偏移量调整功能，通过填写数字来调整上偏移和左偏移来调整 logo 位置。

（3）页脚设置：用于调整登录页底部文字、颜色、高度等。可以选择是否显示页脚。输入数字可以调整页脚文字的高度，但页脚宽度默认为 100%，不允许调整。选择颜色可以改变页脚的整个背景颜色，但仅限于单色填充。输入文字可以改变页脚文字内容，并且使用了富文本编辑器，可以对文本的样式进行调整，但不允许上传图片。

3. 登录框设置

单击"登录框"时，会显示它独有的设置。可以对其进行整体设置，包括高度、偏移量、填充类型、单色背景、不透明度、logo 设计、标题名称、字体颜色、字体大小等，如图 3-12 所示。

（1）高度和宽度：用数字调整，调整后会缩放登录框的整体大小。

（2）上偏移：用数字调整，可以改变登录框的上边框与整个页面的顶部之间的距离。

（3）左偏移：用数字调整，可以改变登录框的左边框与整个页面的左侧之间的距离。

（4）填充类型：只能调整单色背景，单击后可以在色彩区域图中选择颜色，或输入颜色码进行调整。

（5）不透明度：用滑块调整，按住鼠标左键后显示数字，可以调整登录框右侧的单色背景透明度。

（6）logo 设置：可以选择显示或不显示 logo，鼠标单击上传图片可以选择本地图片上传，确定后即可以原图显示或用数字调整 logo 大小。

（7）logo 上偏移和左偏移：用数字调整，通过输入数字改变 logo 所处的上边框与左边框的距离位置。

（8）标题设置：可以选择显示或不显示标题，在标题名称处可以改变标题文字，在文字颜色处可以改变标题字体颜色，在文字大小处可以改变文字大小，在上偏移和左偏移处可以改变标题文字在登录框右侧的位置，用数字调整即可。

图 3-12　整体设置

单元3 设置系统门户

单元考评表

设置系统门户考评表

被考评人		考评单元	单元3 设置系统门户	
	考评维度	考评标准	权重（1）	得分（0~100）
内容维度	首页的主要组件	掌握主要组件的作用与使用方法	0.05	
	登录页的必备模块	掌握必备模块的作用与使用方法	0.05	
	功能树的主要配置	掌握主要配置的流程与目的	0.1	
任务维度	搭建租车平台首页	应用轮播图、工作事项、访问人数统计等组件搭建并发布平台首页	0.2	
	搭建租车平台登录页	设计登录页背景、搭建logo和登录框等要素并发布运行	0.2	
	配置租车平台功能树	根据业务需求所定义出来的业务流程、单据流转、单据查看列表等功能进行搭建功能树并发布运行	0.2	
职业维度	职业素养	能理解任务需求，并在指导下实现预期任务，能自主搜索资料和分析问题	0.1	
	团队合作	能进行分工协作，相互讨论与学习	0.1	
	加权得分			
	评分规则	A	B	C	D
		优秀	良好	合格	不合格
		86~100	71~85	60~70	60以下
	考评人			

单元小结

本单元主要介绍了网站门户中包括首页、登录页、左侧浏览区域菜单树设计和配置功能。读者经过学习和练习后，不仅可以掌握编辑配置功能树、设计首页、登录页的能力，还能够对网站的门户有充分的认识和了解，提升设计门户的创新能力。

首页设计中需要注意的是，在首页设计中可以保存多个首页模板，并在首页功能中选择其中一个进行绑定，即可查看首页。在登录页设计中可以保存多个登录模板，但想要让用户在登录窗口中看到所设计的模板,就必须在"默认登录页"中进行设计。在编辑功能树中,可以对主页的标题模块所包含的图标 logo、门户皮肤、导航菜单展示方式等进行设置,同时单击用户头像处还可以对其设置访问功能,如增加搜索功能、消息通知功能、多语言服务、个人信息等功能项,根据实际情况可进行个性化定制。

单元习题

1. 选择题

(1) 关于门户,描述错误的是_____。

    A. 首页是门户的一种表现形式,除此之外还有登录页和菜单等

    B. 门户是网站不可或缺的重要角色,失去了门户就等于网站没有一个可供浏览的入口

    C. 首页是一个网站的门户,它关系到客户对网站的第一印象,至关重要

    D. 互联网中所有类型的网站都必须有首页

(2) 在登录框中,以下可以用本地上传实现改变 logo 图片的是_____。

    A. 背景设置

    B. logo 设置

    C. 上传图片

    D. 单色背景

(3) 登录页设置中,以下说法正确的是_____。

    A. 全局设置可以调整全局背景,既可以选择上传图片用图片充当背景,又可以选择单色

    B. 在门户主题设置中,可以调整和改变背景填充类型,logo 样式、大小和偏移度,还可以对页脚中文字进行设置

    C. 在登录框中可以设置边框为直角或圆角边框

    D. 全局设置选择主题 3 后,在登录框中可以重新排列左右分隔框,让登录输入框和图片调换

(4) 进入编辑模式后,在默认编辑页面可以直接配置_____(多选)。

    A. 门户皮肤

    B. 导航设置

    C. 其他设置

    D. 显示设置

(5) 编辑功能菜单可以用_____实现(多选)。

    A. 添加同级

    B. 添加下级

    C. 删除

    D. 批量删除

2. 填空题

（1）首页为用户登录后看到的第一个页面，项目可以采用统一首页或多首页，即_____用户登录看到_____的首页，或者_____用户看到_____的首页。

（2）登录页管理中可以设计多个登录页，但想要在用户登录界面显示其中一个设计好登录页，则必须在_____处配置。

（3）在配置功能树菜单中，想要添加一个功能项，就要单击_____或_____，对_____、_____进行选择配置，如果特殊模块则还需选择_____，才能完整地配置好一个功能项。

（4）想要在功能树中新增工作流管理模块，需要在绑定应用中找到_____，在绑定模块中找到_____，在模块参数中找到_____，才能完成配置。

（5）在功能树配置中，设置选项卡中包含_____、_____、_____。

3. 简答题

（1）请描述你对功能树编辑一些常用操作项的理解，并谈谈对这一功能项的看法。

（2）车辆租赁公司想在十一国庆节假期前设计和更换首页和登录页，体现公司在国庆期间推出的相关活动，请描述你的设计思路和详细的操作步骤。

单元 4 行政组织机构实践

情境引入

钱同学在开发车辆租赁系统中了解到，只有将组织机构搭建完善，才能够在后续的开发中避免出现数据分支错乱的问题。所以，建设企业行政组织成为企业工作开展的基础，也是信息系统建设的重要一环。钱同学根据调研报告进行设计，相继完成机构类型和机构数据的搭建。

学习目标

（1）了解现实中企业组织架构相关概念。
（2）了解行政组织机构类型和组织机构数据在低代码平台的管理方式。
（3）理解机构类型和机构数据的意义。
（4）掌握创建行政类型和行政数据的操作步骤。
（5）培养设计组织架构的主动思考能力。

任务 4.1 建设租赁公司组织机构类型

任务描述

本任务以"车辆租赁公司"为例，将所需的行政组织类型搭建完成，从而实现企业正常运转，同时为后续因实际业务增量引起行政类型的拓展做好准备。钱同学在实际建设过程中，需要使用行政类型的新建、修改、删除、上移、下移和新建字段等常用功能，为车辆租赁公司行政组织的搭建做好充分准备。

技术分析

为了在系统中顺利建设公司组织机构类型，需要掌握如下操作：
（1）在编辑模式状态下将"组织机构类型管理"添加至菜单中。
（2）通过单击新建类型创建组织机构同类分组。
（3）根据机构类别代码了解删除类型的条件和要求。

任务实现

接下来，按照功能模块对照表搭建功能树菜单，并搭建组织机构类型。

（1）单击进入编辑模式，在"系统配置"中新增"组织机构类型管理"模块，将标题重命名为"组织机构类型管理"，之后单击"保存"按钮，提示保存成功字样后，单击"发布"按钮，提示"发布成功"后，退出编辑模式。

（2）单击"系统配置"中的"组织机构类型管理"，单击"新建类型"，在弹出的窗口中，修改标识为MD_ORG_JTYSFWZZ，名称为"交通运输服务组织"，单击"确定"按钮，提示"操作成功"，如图4-1所示。

图 4-1　组织类型

（3）为"交通运输服务组织"添加"营业许可证"和"公司法人"字段，保证在当前类型下所创建的每个组织机构都是独立、合法的。

完成以上操作之后，就可以在"组织机构数据管理"功能模块中"交通运输服务组织"类型下创建车辆租赁公司机构，如北京畅捷租赁有限公司、江苏畅捷租赁有限公司等。每一个公司都需要填写营业许可证和公司法人字段属性数据，目的在于保证当前类型下所创建的每个组织机构都是独立、合法的。

相关知识

以下对"组织机构类型管理"中常用的重要功能作用以及应用方式作详细阐述。

1. 新建类型

单击"新建类型"时，会弹出新的窗口，提供填写类型标识（保证唯一），名称（类型名称）和备注，其中名称为必填项，如图4-2所示。

图 4-2　新建类型

需要注意的是,标识在第一次创建成功后将不可更改,请谨慎填写。

2. 修改类型

选中某个组织类型后,单击修改类型,可修改类型名称和备注。

3. 删除类型

选中某个组织类型后,单击删除类型,会弹出确认删除提示框再次确认,一旦删除将无法恢复,请谨慎删除。

4. 类型上移、下移

如果新建了多个类型,当顺序需要调整时,可以通过"类型上移"或"类型下移"调整顺序,这不会对组织类型产生任何影响。

5. 新建字段

当组织类型需要一些重要字段标识每一个组织的重要性时,可以为组织类型添加字段,这样会导致之后在"机构数据管理"中每添加一个组织机构时,都需要填写这个字段的值,用来标识组织机构的某种用途。新建字段时需要填写字段标识、字段名称、字段类型,同时还提供了两种校验方式:必填和校验重复性。

6. 删除字段

当某个类型的字段不需要时,可以选中即将删除的类型名称单击进行删除,一旦删除将无法恢复。需要注意的是,如果该字段已被"机构数据管理"中新添加的组织机构使用将无法删除,须先将已使用的组织机构删除后再次删除类型。

7. 字段上移、下移

当新建多个字段后,可以通过"字段上移"或"字段下移"调整顺序。不会因排序而对组织类型产生任何影响,只是在"机构数据管理"中新增组织机构时先后填写顺序有所不同。

任务 4.2　定义租赁公司组织机构数据

任务描述

在车辆租赁管理系统中,需要一个完整的组织架构来管理公司中的所有角色。这样每个角色下拥有的用户才是有身份代表的用户,而不是凭空出现的用户。

本任务目标以"车辆租赁公司"为例,搭建所必需的组织架构,以保证能够支撑一家中大型租赁企业的正常运转,并能够满足后期根据实际业务增量、建设分公司或子机构的拓展需求。钱同学在实际建设过程中,需要使用机构数据管理中的新建下级、新建同级、修改、保存、删除等常用功能,来完成车辆租赁公司的组织架构搭建。

技术分析

为了在系统中顺利定义公司组织机构数据,需要掌握如下操作:

(1)通过编辑模式将"组织机构数据管理"添加至菜单中。

(2)通过单击"新建下级"创建畅捷出行集团总公司机构数据。

(3)通过在畅捷总部单击"新建下级"创建北京、上海、杭州等分部机构数据。

(4)通过机构代码删除多余机构数据。

(5)通过相关知识了解异动的作用和使用方式。

任务实现

公司总部的车辆租赁平台现在由三个子公司组成,就需要在组织机构中分别创建"北京畅捷""上海畅捷""杭州畅捷"三个子分部,如图4-3所示。

图4-3 组织机构

视频

定义组织机构类型与数据关联

(1)单击进入编辑模式,在"系统配置"中新增"组织机构数据管理"模块,将标题重命名为"机构数据管理",之后单击"保存",提示保存成功字样后,单击"发布",提示"发布成功"后,退出编辑模式。

(2)创建畅捷集团父级组织,退出编辑模式后,单击打开"系统配置"中的"机构数据管理",选中默认存在的"行政组织",单击"新建下级",输入机构代码(CJCXJT01)、机构名称(畅捷出行集团)和机构简称(畅捷集团),单击"保存"。

(3)分别创建北京、上海、杭州畅捷分公司组织。

①选中"CJCXJT01 畅捷出行集团",单击"新建下级",输入机构代码(CJCXJT0101)、机构名称(北京畅捷出行)和机构简称(北京畅捷),单击"保存"。

②选中"CJCXJT0101 北京畅捷出行",单击"新建同级",输入机构代码(CJCXJT0102)、机构名称(上海畅捷出行)和机构简称(上海畅捷),单击"保存"。

③选中"CJCXJT0102 上海畅捷出行",单击"新建同级",输入机构代码(CJCXJT0103)、机构名称(杭州畅捷出行)和机构简称(杭州畅捷),单击"保存"。

(4)在左侧下拉框处(默认为行政组织),单击下拉框,选择在"任务4.1"中创建完成的"交通运输服务组织"行政类型,之后单击"关联创建"。在新的窗口中将新增的畅捷出行集团及旗下分支机构全部选中,单击"确定"。这一步的操作实际上是将新建的组织机构放入行政类型下,使其完成分类的效果。未来再创建其他与"交通运输"有关的组织机构都以此步骤为准。

相关知识

以下对"组织机构数据管理"模块常用功能项的作用以及应用方式作详细阐述。

1. 新建下级

通过单击"新建下级",可以在当前选中的层级之下继续新增下级组织,如果是第一次新建,默认会在行政组织层级之下创建新的组织。

2. 新建同级

通过单击"新建同级",可以在当前选中的层级继续新增同级组织,如果还未有除"行政组织"之外的其他层级,将无法新建同级。

3. 保存

通过单击"保存",可以将新建以及修改的机构内容进行持久化保存。需要注意的是,机构代码是具有唯一性属性的,所以在新建过程中,一定要确保唯一,否则就会保存失败。另外,一旦单击保存后,机构代码则无法再被修改(须谨慎添加)。

4. 修改

通过单击"修改",可修改当前选中的机构名称和机构简称,机构代码一旦在新建后将无法被修改,单击"保存"后修改成功。

5. 删除

通过单击"删除",可以将已建机构进行删除操作,删除前须输入当前即将删除的机构代码,避免误删操作。

6. 停用、启用

当选中机构进行停用后,此机构将无法再被系统使用,同时,之前在此机构下的一切数据也将被暂时冻结。如果此机构为某些机构的父机构,所在父机构的所有子机构也将无法被使用,直至该机构再次被启用。

7. 上移、下移

当选中机构进行上移或下移时,就会实现该机构在同级下上移位置,但首先保证该机构同级下有其他机构,否则如果此机构同级之上暂未存在同级机构时单击上移,则会提示"首节点无法上移";如果此机构同级之下暂未存在同级机构时单击下移,则会提示"尾节点无法下移"。

8. 快速移动

单击"快速移动"弹出新的层级窗口,可以将指定机构的所选下级快速移动到指定目标机构下使其成为目标机构下的子级。

9. 异动

当选中机构单击"异动"后弹出新的层级窗口,可以选择将此机构移动到其他父级或子级机构下。选中"北京滴答出行"后,单击"异动",之后在新窗口中选择"行政组织"下的"滴答出行集团",单击"确定"提示操作成功,最终就可以将"北京滴答出行"异动到"滴答出行集团"旗下。

10. 导入导出

通过单击"导入导出"弹出新的窗口，可以新建模板，选择即将导出的机构字段，确认后默认模板会自动生成，此时可以将数据按照模板的要求进行导出。也可以生成样本文件实现新增数据的添加，单击"上传文件"可以将新旧数据再次导入进来，再次单击"保存"就会同步数据。此外，导入导出功能还提供了"修改模板""删除模板"功能对模板本身进行维护，"导出网格数据"功能可以实现对上传后的数据进行排版整理并生成 Excel 文件完成数据线下存储。

11. 批量删除

通过单击"批量删除"弹出新的窗口，在窗口中以列表形式展现已存在的机构数据，可以多选任意机构进行批量删除。

12. 回收站

被"删除"或"批量删除"后的机构数据可以在回收站进行"还原"或"彻底删除"，被还原的数据需要选择即将回归的上级机构完成恢复工作。单击"删除"将会对数据进行永久性删除，此时会弹出永久性删除的提示框："被删除组织机构在系统中尚未产生业务数据""根据情况做数据备份，以备恢复时可以找到原始数据"，一旦被删除将会永久丢失数据无法恢复，须谨慎操作。

13. 同步缓存

当系统新建机构数据后，未在浏览模式窗口中看到新的数据，说明新数据可能处于"游离状态"，此时可以通过单击"同步缓存"来更改状态，并会提示"所有机构类型缓存重新同步中，请稍后刷新查看"，再次刷新模块就会看到新的机构数据。

单元考评表

行政组织机构实践考评表

被考评人		考评单元	单元4 行政组织机构实践	
考评维度		考评标准	权重（1）	得分（0~100）
内容维度	机构类型主要组件	掌握主要组件的作用与使用方法	0.1	
	机构数据主要组件	掌握主要组件的作用与使用方法	0.1	
任务维度	定义组织机构类型	定义组织类型，创建字段	0.3	
	定义组织机构数据	创建企业组织，填写字段数据	0.3	

续表

职业维度	职业素养	能理解任务需求，并在指导下实现预期任务，能自主搜索资料和分析问题	0.1	
	团队合作	能进行分工协作，相互讨论与学习	0.1	
	加权得分			
	评分规则	A	B	C	D
		优秀	良好	合格	不合格
		86~100	71~85	60~70	60以下
	考评人			

单元小结

本单元主要介绍了在低代码平台中搭建企业行政组织，用组织机构类型管理功能模块搭建组织分类，用组织机构数据管理搭建组织机构，将组织机构分类存入相同的组织类型下，形成分级管理。读者经过学习后，可以掌握如何在低代码平台中管理组织类型和组织数据，形成充分的认识和了解，提升管理企业架构的能力。

单元习题

1. 选择题

（1）关于组织机构类型，以下说法正确的是_____。

　　A. 组织机构类型是用来标识企业名称的

　　B. 组织类型代码是可以被随意更改的

　　C. 组织机构类型是用来标识企业分类的

　　D. 一旦新建了组织类型名称并保存成功，将无法再被更改

（2）以下属于组织机构类型的是_____。

　　A. 宝钢集团有限公司

　　B. 交通运输服务组织

　　C. 大庆油田有限责任公司

　　D. 北京久其软件股份有限公司

（3）以下不适用于建立组织机构的是_____。

　　A. 乡镇党群服务办公室

　　B. 北京协和医学院

C. 北京久其软件股份有限公司

D. 上海松江林公馆

（4）低代码平台中组织机构包含的重要特征有 _____（多选）。

A. 机构英文全称

B. 机构中文名称

C. 机构唯一性识别代码

D. 机构重要说明

（5）低代码平台中对于组织机构的基本管理项包含 _____（多选）。

A. 新建下级

B. 新建同级

C. 新建上级

D. 保存

2. 填空题

（1）_____ 属于系统中的公共资源，是企业管理系统必备资源，常作为用户管理等其他业务主体或功能模块参考引用的数据。

（2）组织机构类型在新建时需要填写 _____ 和 _____。

（3）_____ 功能可以将两个并列显示的机构类型实现顺序调换。

（4）_____ 按钮可以在行政组织下新建组织机构数据。

（5）_____ 按钮可以实现组织机构数据删除操作，如果想再次找回，则使用 _____ 功能。

3. 简答题

（1）请描述现实企业中组织机构的重要性。

（2）请用文字描述在"交通服务组织"下定义滴答畅行集团及旗下分支机构的创建步骤。

单元 5　基础数据实践

情境引入

基础数据建设是企业的基层建设，好比大厦的地基一般，其重要性不言而喻。以车辆租赁系统为例，钱同学结合赵同学在畅捷出行集团的需求调研结果，需要设计客户信息、员工信息、车辆分类等基础数据以便于后续的信息管理，以及业务的相关引用。在周老师的指导下，钱同学分别设计普通、树形、分组等形式基础数据，以期满足畅捷出行集团登记客户信息、管理车辆分类及员工部门、管理旗下车辆信息等需求。

学习目标

（1）掌握基础数据的基本概念和设计思路。
（2）能够通过低代码平台设计普通、树形、分组等形式的基础数据。
（3）能够通过分析需求选择使用何种形式来展示基础数据。
（4）培养学生分析业务需求能力。
（5）培养学生树立良好的基础数据设计规范意识。

任务 5.1　创建租赁公司普通基础数据

任务描述

为实现畅捷出行集团"登记客户基本信息"的需求，钱同学需要应用基础数据功能，创建此功能模块并进行功能测试，从而学会普通基础数据应用生成。
（1）功能模块的功能包括新建、修改、删除等基本功能。
（2）客户信息包括姓名、证件号、证件类型、手机号、信用卡号及驾照信息。
（3）对客户信息内部分字段提供快捷选择功能。

技术分析

为了在系统中顺利创建公司普通基础数据，需要掌握如下操作：
（1）通过低代码平台提供的枚举数据功能，设置"证件类型"枚举字典。
（2）通过工具栏"新建分组""新建定义"按钮，可以新建基础数据分组、基础数据定义。

（3）通过基础数据定义操作栏"设计"按钮，可以对基础数据定义的属性、字段、展示进行维护。

（4）通过基础数据定义设计界面的"属性"页签，可以对隔离属性、结构类型、显示格式、数据权限、动作权限、纬度等属性进行设置。

（5）通过基础数据定义设计界面的"字段维护"页签，单击"新建字段"按钮，可以新建字符型、整数型、数值型、日期型等与需求相关字段。

（6）通过基础数据定义设计界面的"展示配置"页签，单击"选择字段"按钮，可以将基础数据内的字段展示在录入界面中，同时可对字段的录入条件进行设置，令其在录入时必填、只读或不做限制。

（7）通过基础数据定义操作栏"执行"按钮，可以在设计好的基础数据定义下进行相关的数据录入。

任务实现

1. 新增证件类型枚举字典

枚举管理是用于存储固定化数据的一种方式，如身份信息、证件类型等信息的存储，主要以下拉框的方式予以展现。

（1）新增"枚举数据管理"模块。

单击"编辑模式"按钮进入编辑模式，通过左侧菜单栏下方的"添加同级"或"添加下级"按钮，新建一个功能模块，如图5-1所示。

选中新建功能模块，在右侧菜单栏中对其进行配置，绑定应用一栏选择"基础数据"，绑定模块一栏选择"枚举数据管理"，标题重命名为"基础数据-枚举数据管理"，单击"保存"并进行"发布"，退出编辑模式，如图5-2所示。

视频

配置枚举数据

图5-1 编辑模式添加功能模块按钮　　图5-2 枚举数据功能模块配置

（2）新建"证件类型"枚举字典。

进入枚举数据功能，单击工具栏中的"新建"按钮，新建一个枚举字典。弹出新建窗口，配置枚举字典下的一个枚举值及名称，单击"确定"，即可完成"证件类型"枚举字典的新建，如图5-3和图5-4所示。

图 5-4 枚举新建窗口

图 5-3 枚举数据工具栏

单击工具栏中的"同步缓存"按钮,选中左侧"证件类型"枚举字典,可查看枚举字典下所存储的数据项,通过"新建"继续创建护照、户口簿、军官证枚举项,完成后如图 5-5 所示。

序号	名称	值	类型	描述	状态	操作	
1	身份证	1	EM_CERTTYPE	证件类型	正常	修改	删除
2	护照	2	EM_CERTTYPE	证件类型	正常	修改	删除
3	户口簿	3	EM_CERTTYPE	证件类型	正常	修改	删除
4	军官证	4	EM_CERTTYPE	证件类型	正常	修改	删除

图 5-5 证件类型枚举字典

2. 创建客户信息基础数据

(1) 新增"基础数据定义"模块。

新建一个功能模块,在右侧菜单栏中对其进行配置,绑定应用一栏选择"基础数据",绑定模块一栏选择"基础数据定义",标题重命名为"基础数据管理",单击"保存"并进行"发布",退出编辑模式,如图 5-6 所示。

(2) 新建"客户信息"基础数据定义。

进入基础数据功能,单击工具栏中的"新建分组"按钮,新建一个基础数据分组,便于管理基础数据定义,弹出"新建分组"窗口,配置对应的分组标识及名称后,单击"确定",即可完成车辆租赁分组新建,如图 5-7 所示。所创建的分组将显示在左侧分组列表中,如图 5-8 所示。

图 5-6 基础数据功能模块配置

视频

配置客户信息

图 5-7 新建车辆租赁分组

图 5-8 车辆租赁分组

选中"车辆租赁"分组,单击工具栏中的"新建定义"按钮,弹出"新建定义"窗口,输入客户信息基础数据定义的标识及名称,单击"确定"即完成定义新建,如图 5-9 所示。

新建完成的基础数据定义会显示在右侧列表中,单击操作列的"设计"按钮,对客户信息的基础数据属性及字段进行配置,如图 5-10 所示。

新建进入客户信息基础数据的设计界面,在"属性"页签下,结构类型选择"列表",如图 5-11 所示。

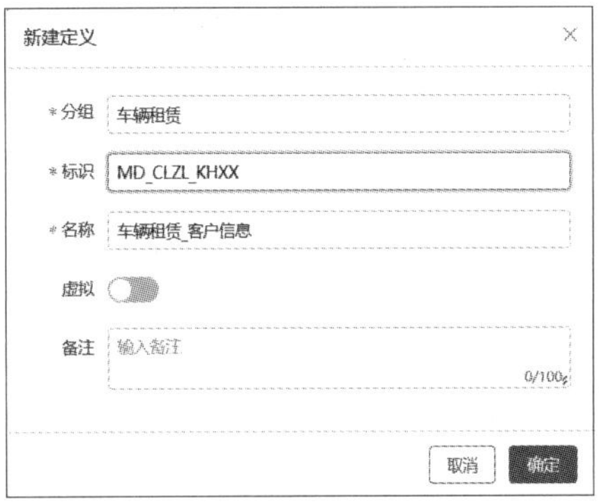

图 5-9 新建客户信息基础数据定义

图 5-10 客户信息基础数据定义

图 5-11 客户信息基础数据定义属性配置

单击切换至"字段维护"页签,单击"新建字段"按钮,新建客户信息所需的相应业务字段,如图 5-12 所示。

序号	标识	名称	值类型	长度	小数位	关联属性	操作
1	ID	唯一标识	UUID型	36			修改 删除 属性
2	VER	行版本	数值型	19	6		修改 删除 属性
3	CODE	证件号	字符型	60			修改 删除 属性
4	OBJECTCODE	对象代码	字符型	60			修改 删除 属性
5	NAME	姓名	字符型	200			修改 删除 属性
6	SHORTNAME	简称	字符型	100			修改 删除 属性
7	UNITCODE	组织机构	字符型	60		MD_ORG	修改 删除 属性
8	VALIDTIME	生效时间	日期时间型				修改 删除 属性
9	INVALIDTIME	失效时间	日期时间型				修改 删除 属性
10	PARENTCODE	父级	字符型	60			修改 删除 属性

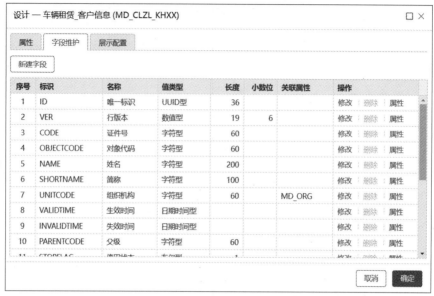

图 5-12　客户信息基础数据定义字段维护

弹出“新建字段”窗口，为所需业务字段配置其标识、名称及类型，完成后单击“确定”，即可完成一个字段的新建，如图 5-13 所示。

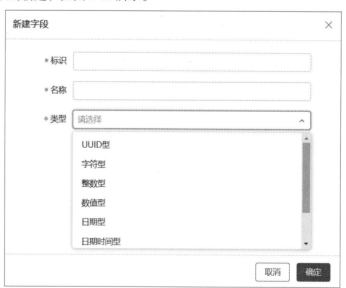

图 5-13　新建字段

所创建的业务字段会显示在默认字段的下方，如图 5-14 所示。

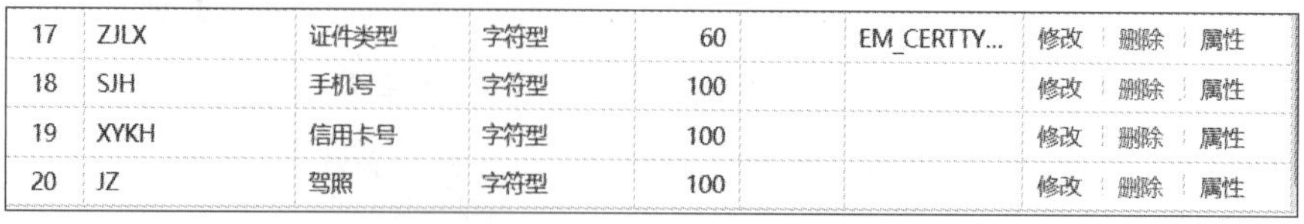

17	ZJLX	证件类型	字符型	60		EM_CERTTY...	修改 删除 属性
18	SJH	手机号	字符型	100			修改 删除 属性
19	XYKH	信用卡号	字符型	100			修改 删除 属性
20	JZ	驾照	字符型	100			修改 删除 属性

图 5-14　客户信息业务字段

由于证件类型需设置为选择填写的形式,故需为该字段设置引用,在新建字段时,选择类型为"字符型",关联类型选择"枚举类型",关联属性选择在枚举数据中创建的"证件类型"枚举字典,完成该配置后,即可在填写该字段时弹出"证件类型"枚举字典的所有枚举项进行选择,如图 5-15 所示。

图 5-15　证件类型字段配置界面

如图 5-16 所示,代码与名称为基础数据的默认字段,在录入基础数据项时,其代码与名称为必填项,为避免录入的烦琐性质,可根据基础数据的性质对代码及名称进行复命名,将代码名称替换为业务中同样拥有唯一性的字符串。

3	CODE	代码	字符型	60		修改	删除	属性
4	OBJECTCODE	对象代码	字符型	60		修改	删除	属性
5	NAME	名称	字符型	200		修改	删除	属性

图 5-16　默认字段

在"客户信息"基础数据中,客户的证件号拥有唯一性,故可将代码字段的名称替换为"证件号",同时出于严谨性,可将名称字段复命名为客户的"姓名",单击操作列的"修改"按钮对字段名称进行修改,如图 5-17 和图 5-18 所示。

图 5-17　代码字段修改为证件号字段 　　　　图 5-18　名称字段修改为姓名字段

单击切换至"展示配置"页签,默认序号、标识、名称三个字段,单击"选择字段"按钮,弹出"选择字段"窗口,勾选所需录入信息的字段,单击"确定"按钮,如图 5-19 所示。

图 5-19 选择字段界面

单击操作列"删除"按钮可删除不需要录入及展示的字段;长按排序列图标可拖动改变字段间排序;勾选"必填"则在信息录入时,该字段必须填写,否则无法保存;勾选"只读",该字段无法进行填写;勾选"显示列",该字段可在基础数据信息列中进行信息展示,客户信息展示配置如图 5-20 所示。

图 5-20 客户信息展示配置

完成客户信息基础数据的相关属性及字段配置，单击操作列的"执行"进入客户信息录入界面，如图 5-21 所示。

图 5-21　客户信息录入界面

单击工具栏中的"新建"按钮，弹出新建客户信息项窗口，录入字段按照在设计中所配置的字段进行展示，如图 5-22 所示。输入相应信息后单击"确定"，即可完成一条信息的录入。

图 5-22　新建客户信息项

如对某条信息项进行修改，单击操作列"修改"按钮，即可弹出该条数据对应的全部信息修改窗口，如图 5-23 和图 5-24 所示。

序号	姓名	证件号	证件类型	手机号	信用卡号	驾照	操作
1	张伟	410█████2751	身份证	186████5271	621█████1432	410████2751	修改 停用 删除
2	李军	128█████3242	身份证	186████2323	632█████3232	128████3242	修改 停用 删除

图 5-23　客户信息

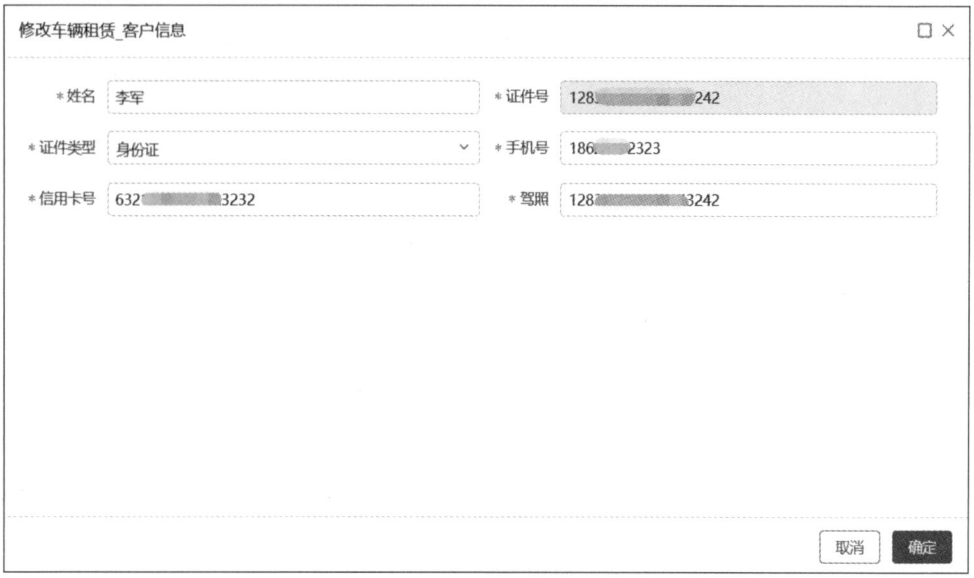

图 5-24　修改客户信息

（3）新增"客户信息"基础数据执行功能。

如图 5-25 所示，新建一个功能模块，在右侧菜单栏中对其进行配置，绑定应用一栏选择"基础数据"，绑定模块一栏选择"基础数据执行"，标题重命名为"客户信息"，模块参数一栏基础数据选择新建好的"车辆租赁_客户信息（MD_CLZL_KHXX）"基础数据定义，单击"保存"并进行"发布"，退出编辑模式。

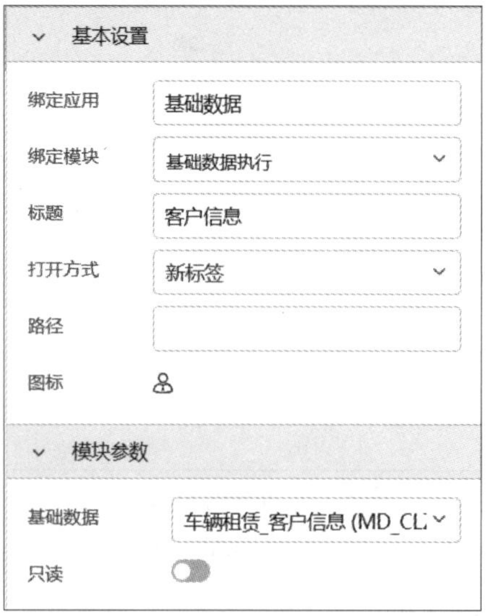

图 5-25　客户信息录入功能配置

单击进入"客户信息"录入界面，在该功能下维护业务所需客户信息，新建等操作内容与上述基础数据执行时相同，如图 5-26 所示。

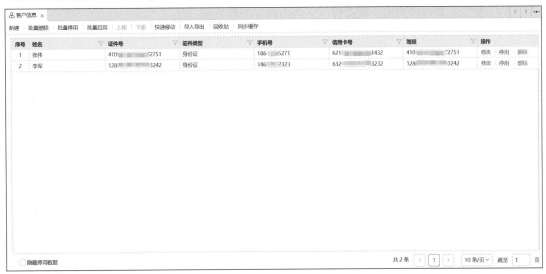

图 5-26　"客户信息"录入界面

相关知识

为了更加便捷、高效地进行功能创建及信息录入，低代码平台还具备相应的一些附加功能，如停用、启用、上移、下移、导入、导出、批量操作、同步缓存等功能。

1. 枚举数据

枚举数据是系统固化的，数值范围固定的数据，多为状态、类型之类的数据，如单据状态、紧急状态，低代码平台可对数据实现多种操作，如图 5-27 所示。

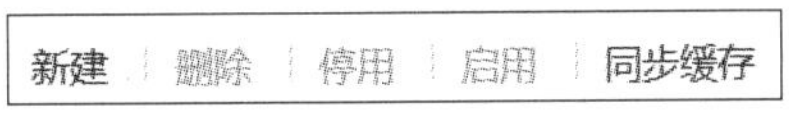

图 5-27　枚举数据工具栏

（1）新建：通过该功能，新建枚举字典及枚举值，如图 5-28 所示。

①名称：枚举值的名称，如证件类型中的"身份证"。

②值：枚举值，如证件类型中已保存的值 1。

③类型：枚举类型的标识，如证件类型枚举 EM_CERTTYPE。

④描述：枚举类型的描述（枚举类型的名称），如"证件类型"。

图 5-28　枚举数据—新建

⑤排序：枚举值按照排序数字大小展示在界面上，可以修改。

（2）修改：通过该功能，修改枚举值信息。

（3）删除：通过该功能，删除枚举字典内相应的枚举值。

（4）停用：对选中的枚举值进行停用后，在引用该枚举字典时将无法再被系统使用。

（5）启用：对停用的枚举值进行启用后，可在引用该枚举字典时重新被系统所使用。

（6）同步缓存：数据库中信息与缓存信息不一致时，通过单击工具栏中的"同步缓存"按钮，将数据库中的信息同步到缓存中。

2. 基础数据

基础数据是系统的公共资源，能够被其他业务主体或功能模块引用，常作为数据字典来限定数据的录入范围，可对数据进行多种操作，如图 5-29 所示。

图 5-29　基础数据定义工具栏

（1）新建分组：单击"新建分组"，弹出"新建分组"界面，如图 5-30 所示。

①标识：必填，长度为 2～50 个字符。

②名称：必填，长度为 2～50 个字符。

③上级分组：默认带出左侧定位分组，上级分组可选。

（2）修改分组：选中分组，单击工具栏中的"修改分组"按钮，弹出"修改分组"界面，标识不可修改，其他内容均可修改。

（3）删除分组：选中分组，单击工具栏中的"删除分组"按钮，确定后删除分组。

（4）新建定义：单击"新建定义"，弹出"新建定义"界面，如图 5-31 所示。

①标识：必填，必须以 MD_ 开头，可包含大写字母、数字、下划线。

②名称：必填。

③分组：必填，默认带出左侧定

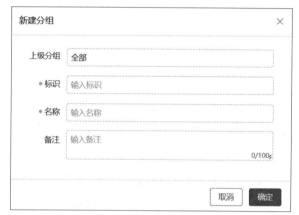

图 5-30　基础数据定义—新建分组

图 5-31　基础数据定义—新建定义

位分组，可选择分组。

（5）修改定义：选择基础数据定义，单击工具栏的修改定义按钮，弹出修改定义界面，标识不允许修改，名称、分组均可修改。

（6）删除定义：单击基础数据定义操作列中的删除按钮，删除定义，基础数据表被其他表关联或者基础数据表中已存在基础数据项时，不允许删除定义。

（7）执行：选中基础数据定义，单击该按钮，可进入基础数据定义执行界面，同定义操作栏下的"执行"作用相同。

（8）上移：调整基础数据定义在列表中的排序，向上移动，第一行基础数据定义不允许上移。

（9）下移：调整基础数据定义在列表中的排序，向下移动，最后一行基础数据定义不允许下移。

（10）导入：导入基础数据定义以及分组信息，勾选"导入关联定义"，可将基础数据字段关联的基础数据定义及建模一并导入。

（11）导出：导出基础数据定义以及分组信息，勾选"导出关联定义"，导出基础数据字段关联的基础数据定义及建模，如图 5-32 所示。

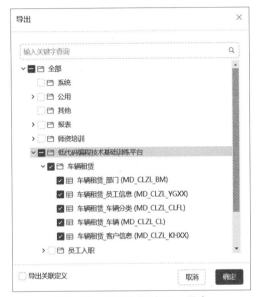

图 5-32　基础数据定义—导出

（12）批量操作：通过该功能，可批量对基础数据定义进行启用权限或禁用缓存，如图 5-33 所示。

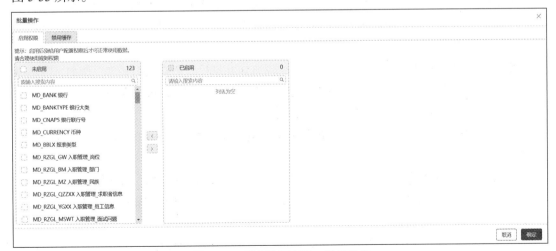

图 5-33　基础数据定义—批量操作

（13）同步缓存：数据库中信息与缓存信息不一致时，通过单击工具栏中的"同步缓存"

按钮,将数据库中的信息同步到缓存中。

3. 基础数据设计

基础数据设计包含属性、字段维护、展示配置三个页签。

(1)属性:用来设置基础数据的基本属性,如图 5-34 所示。

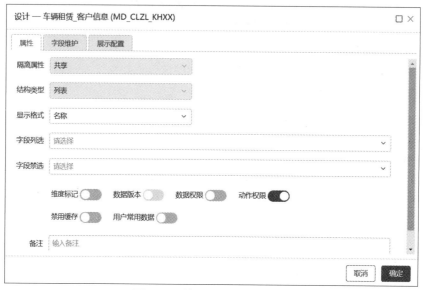

图 5-34 基础数据设计—属性

①隔离属性:可选择项有共享、隔离、隔离+向下级共享、共享+隔离。

- 共享:所有组织共享。
- 隔离:按照隔离维度隔离。例如,隔离维度选择组织机构,在当前登录组织机构下维护的基础数据只能在当前登录组织机构使用。
- 隔离+向下级共享:按照隔离维度,共享给下级。例如,隔离维度选择组织机构,在当前登录组织机构下维护的基础数据,可以在当前登录组织及当前登录组织机构的所有下级组织机构使用。
- 共享+隔离:默认按照隔离维度隔离,隔离转共享后,所有组织共享。例如,隔离维度选择组织机构,在当前登录组织机构下维护的基础数据,可以在当前登录组织机构使用;当隔离转共享后,所有组织均可使用。

②隔离维度:隔离属性为隔离、隔离+向下级共享、共享+隔离时可见,可选项有组织机构。

③结构类型:基础数据的结构类型,可选项有列表、分组列表、树、级次树。

④字段列选:可选择展示配置中的已选字段,在单据引用基础数据界面,默认显示列为此处设置的列选字段。

(2)字段维护:基础数据的扩展字段,在基础数据设计中维护,在字段维护页签中单击"新建字段"按钮,弹出"新建字段"页面,如图 5-35 所示。

图 5-35　基础数据设计—字段维护—新建字段

①标识：必填，必须以大写字母开头，可包含大写字母、数字、下划线，长度为 2～50 个字符，不允许重复。

②名称：必填。

③类型：必填，可选项为 UUID 型、字符型、整数型、数值型、日期型、日期时间型、文本型、布尔型。

④关联类型：字段类型为字符型时可见可编辑，可选项为基础数据、枚举类型、组织机构。

⑤关联属性：关联类型不空时可见编辑，关联类型为基础数据时，关联属性可选项为所有基础数据；关联类型为枚举类型时，关联属性可选项为所有枚举项；关联类型为组织机构时，关联属性可选项为所有组织机构类型。

⑥长度：字段类型为字符型、整数型、数值型时可见可编辑，只能录入大于 0 的整数。关联类型的字符型字段长度默认为 200，不可修改。

⑦小数位：类型为数值型时可见可编辑，代表小数点的保留位数；默认值为 2，表示该类型的字段输入的数值默认保留 2 位（不拥有四舍五入的功能），当默认值被修改后，根据修改后的数值进行小数位保留。

⑧默认值：类型为字符型、整数型、数值型、布尔型时可见可编辑。

（3）展示配置：用来配置基础数据执行界面的列表显示字段与新建、修改基础数据界面显示字段，如图 5-36 所示。

①默认展示序号、标识、名称，默认显示列，序号、标识不允许删除；树形基础数据父级也默认展示；涉及业务含义的基础数据、业务字段也默认展示。

②单击选择字段按钮，选择还未选到展示配置中的字段。

③新建、修改基础数据界面中，字段的必填、只读响应这里的配置。

④执行界面的列表显示字段响应这里的显示列配置。

图 5-36　基础数据设计—展示配置

4. 基础数据执行

基础数据执行工具栏如图 5-37 所示。

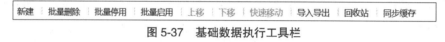

图 5-37　基础数据执行工具栏

（1）新建：单击工具栏中的"新建"按钮，弹出新建基础数据的界面，序号、标识必填，共享基础数据代码不能重复，隔离基础数据同组织机构下代码不能重复。

（2）修改：单击操作中修改按钮修改数据。代码不允许修改。

（3）批量删除：单击操作中"删除"按钮删除数据，单击"确定"可将数据删除。

（4）批量停用：单击列表操作列中的"停用"按钮实现停用数据功能。

（5）批量启用：单击列表操作列中的"启用"按钮实现启用数据功能。

（6）上移/下移：第一行数据项不允许上移，最后一行数据上不允许下移。

（7）快速移动：拖动数据项进行上移下移。

（8）导入导出：可按照设置的模板导入数据。基础数据执行界面，单击导入，弹出导入导出基础数据界面，界面包含新建模板、修改模板、删除模板、生成样本文件、导出数据、上传文件、保存，如图 5-38 所示。

（9）回收站：单击工具栏中的"回收站"按钮，弹出"回收站"窗口，其中显示被删数据。勾选其中数据，单击"还原"，数据被回收，可以正常使用。清空回收数据；使用 admin 用户登录系统，单击工具栏中的"回收站"按钮，弹出"回收站"窗口，勾选其中数据，单击"删除"，可将对应的基础数据定义的回收列表数据清空，如图 5-39 所示。

图 5-38 基础数据执行—导入导出

图 5-39 基础数据执行—回收站

（10）同步缓存：数据库中信息与缓存信息不一致时，通过单击工具栏中的"同步缓存"按钮，将数据库中的信息同步到缓存中。

任务 5.2 创建租赁公司树形基础数据

任务描述

为实现畅捷出行集团"部门及岗位信息管理"与"车辆分类管理"的需求,钱同学需要应用基础数据功能,创建此功能模块并进行功能测试,从而学会树形基础数据应用生成。

(1)功能模块的功能包括:新建、修改、删除等基本功能。
(2)部门以级次树形式展开,信息包括:名称、编制、职责等。
(3)车辆分类以树形展开,分为高端、中端、低端三大类,下设奔驰、宝马等车系。

技术分析

为了在系统中顺利创建公司树形基础数据,需要掌握如下操作:

(1)通过工具栏中的"新建定义"按钮,新建两个基础数据定义。
(2)通过基础数据定义操作栏中的"设计"按钮,可以对基础数据定义的属性、字段、展示进行维护。
(3)通过基础数据定义设计界面的"属性"页签,将部门基础数据以级次树形式进行展开,车辆分类以树形基础数据进行展开。
(4)通过基础数据定义设计界面的"字段维护"页签,单击"新建字段"按钮,为部门新建编制人数、职责等与需求相关字段。
(5)通过基础数据定义设计界面的"展示配置"页签,单击"选择字段"按钮,将部门基础数据内的相关业务用字段展示在录入界面中,同时可对字段的录入条件进行设置,令其在录入时必填、只读或不做限制。
(6)通过基础数据定义操作栏"执行"按钮,可以在设计好的基础数据定义下进行相关的数据录入。

任务实现

1. 创建部门基础数据

(1)新建部门基础数据。

进入基础数据功能,选中任务 5.1 中创建的车辆租赁分组,单击工具栏中的"新建定义"按钮,弹出"新建定义"窗口,输入部门基础数据定义的标识及名称,如图 5-40 所示。单击"确定"按钮即完成定义新建。

新建完成的基础数据定义会显示在右侧列表中,单击操作列的"设计"按钮,对部门的基础数据属性及字段进行配置,如图 5-41 所示。

配置部门信息

图 5-40　新建部门基础数据定义

序号	标识	名称	分组	结构类型	隔离属性	操作		
1	MD_CLZL_BM	车辆租赁_部门	车辆租赁	级次树	共享	设计	执行	删除
2	MD_CLZL_YGXX	车辆租赁_员工信息	车辆租赁	分组列表	共享	设计	执行	删除

图 5-41　部门基础数据定义

新建进入部门基础数据的设计界面,在"属性"页签下,结构类型选择"级次树",编码规则设置为 324,如图 5-42 所示。

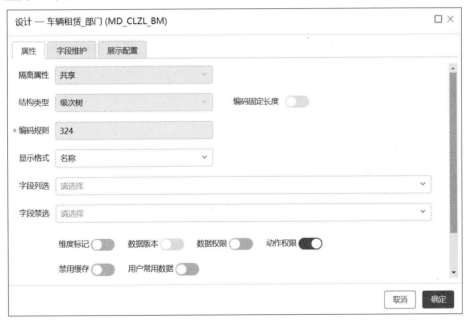

图 5-42　部门基础数据定义属性配置

如图 5-43 所示,单击切换至"字段维护"页签,单击"新建字段"按钮,新建部门所需相应业务字段,弹出"新建字段"窗口,为所需业务字段配置其标识、名称及类型,完成后单击"确定"按钮,即可完成一个字段的新建。

图 5-43 新建字段

所创建的业务字段会显示在默认字段的下方,如图 5-44 所示。

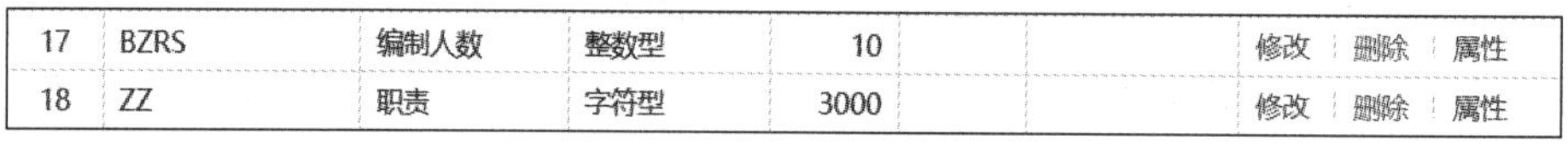

| 17 | BZRS | 编制人数 | 整数型 | 10 | | 修改 | 删除 | 属性 |
| 18 | ZZ | 职责 | 字符型 | 3000 | | 修改 | 删除 | 属性 |

图 5-44 部门业务字段

单击切换至"展示配置"页签,默认展示序号、标识、名称三个字段,单击"选择字段"按钮,弹出"选择字段"窗口,勾选所需录入信息的字段,单击"确定"按钮,如图 5-45 所示。

图 5-45 选择字段界面

单击操作列"删除"按钮可删除不需要录入及展示的字段；长按排序列图标可拖动改变字段间排序；勾选"必填"，则在信息录入时，该字段必须填写，否则无法保存；勾选"只读"，该字段无法进行填写；勾选"显示列"，该字段可在基础数据信息列中进行信息展示，部门展示配置如图 5-46 所示。

图 5-46　部门展示配置

完成部门基础数据的相关属性及字段配置，单击操作列的"执行"进入部门录入界面，如图 5-47 所示。

图 5-47　部门录入界面

单击工具栏中的"新建"按钮，弹出新建部门信息项窗口，如图 5-48 所示，录入字段按照在设计中所配置的字段进行展示，输入相应信息后单击"确定"按钮，即可完成一条信息的录入。

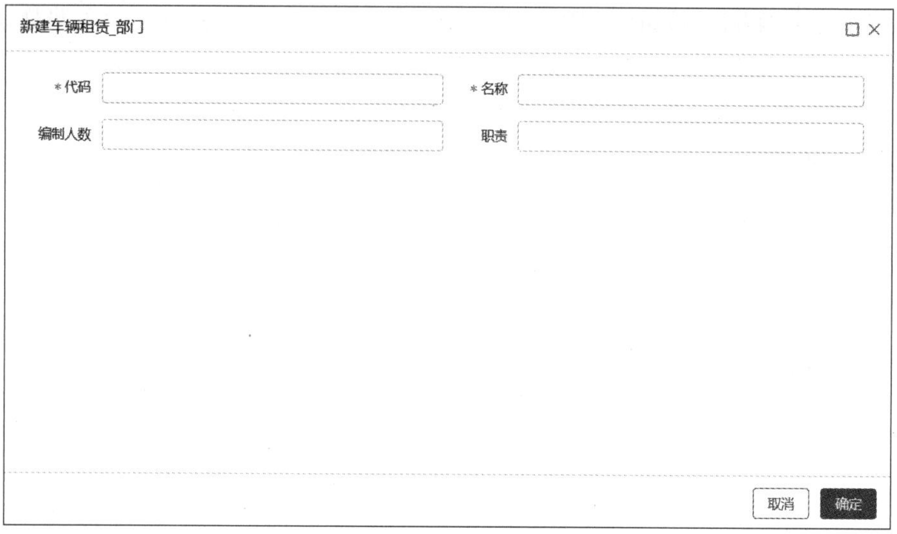

图 5-48 新建部门信息项

如对某条信息项进行修改，单击图 5-49 中所示的操作列的"修改"按钮，即可弹出该条数据对应的全部信息修改窗口，如图 5-50 所示。

序号	代码	名称	编制人数	职责	操作
1	001	客服部	2	负责接待和提供售后服务	修改 停用 删除
2	00101	客服部【客户经理】	2	负责接待和提供售后服务	修改 停用 删除
3	002	业务部	2	负责办理租车登记手续	修改 停用 删除
4	00201	业务部【制单岗】	2	负责办理租车登记手续	修改 停用 删除
5	003	财务部	2	负责收取租赁费用	修改 停用 删除
6	00301	财务部【收费岗】	2	负责收取租赁费用	修改 停用 删除
7	004	车场	4	负责办理车辆借出归还手续	修改 停用 删除
8	00401	车场【提车岗】	2	负责车辆借出手续	修改 停用 删除
9	00402	车场【还车岗】	2	办理车辆归还手续	修改 停用 删除

图 5-49 部门信息

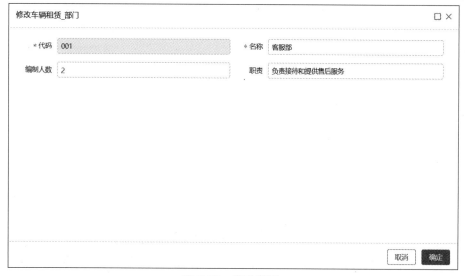

图 5-50 修改部门

（2）新增"部门"基础数据执行功能。

新建一个功能模块，在右侧菜单栏中对其进行配置，绑定应用一栏选择"基础数据"，绑定模块一栏选择"基础数据执行"，标题重命名为"部门"，模块参数一栏基础数据选择新建好的"部门"基础数据定义，如图5-51所示。单击"保存"按钮并进行"发布"，退出编辑模式。

单击进入"部门"录入界面，在该功能下维护部门信息及岗位信息，新建等操作内容与上述基础数据执行时相同，如图5-52所示。

图 5-51 部门录入功能配置

图 5-52 部门录入功能

2. 创建车辆分类基础数据

（1）新建车辆分类基础数据。

进入基础数据功能，选中任务5.1中创建的车辆租赁分组，单击工具栏中的"新建定义"按钮，弹出"新建定义"窗口，输入部门基础数据定义的标识及名称，单击"确定"按钮即完成定义新建，如图5-53所示。

新建完成的基础数据定义会显示在右侧列表中，单击操作列的"设计"按钮，对车辆分类的基础数据属性及字段进行配置，如图5-54所示。

新建进入车辆分类基础数据的设计界面，在"属性"页签下，结构类型选择"树"，如图5-55所示。

视频●

配置车辆分类信息

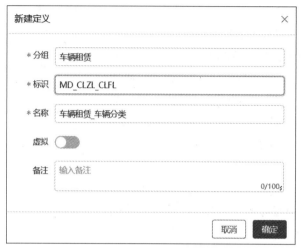

图 5-53 新建车辆分类基础数据定义

图 5-54 车辆分类基础数据定义

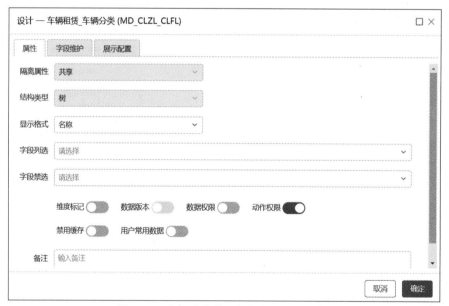

图 5-55 车辆分类基础数据定义属性配置

单击切换至"展示配置"页签，默认展示序号、标识、名称三个字段，单击"选择字段"按钮，弹出"选择字段"窗口，勾选所需录入信息的字段，单击"确定"按钮，如图 5-56 所示。

单击操作列"删除"按钮可删除不需要录入及展示的字段；长按排序列图标可拖动改变字段间排序；勾选"必填"，则在信息录入时，该字段必须填写，否则无法保存；勾选"只读"，该字段无法进行填写；勾选"显示列"，该字段可在基础数据信息列中进行信息展示，车辆分类展示配置如图 5-57 所示。

图 5-56 选择字段界面

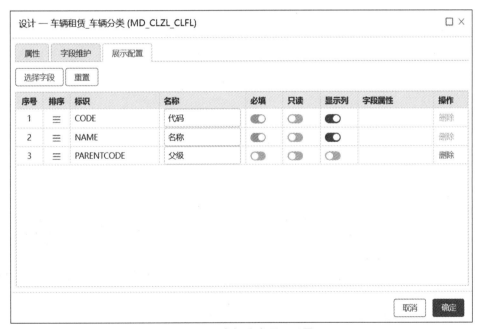

图 5-57 车辆分类展示配置

完成部门基础数据的相关属性及字段配置,单击操作列的"执行"进入车辆分类录入界面,如图 5-58 所示。

单击工具栏中的"新建"按钮,如图 5-59 所示,弹出新建车辆分类信息项窗口,录入字段按照在设计中所配置的字段进行展示,输入相应信息后单击"确定"按钮,即可完成一条信息的录入。

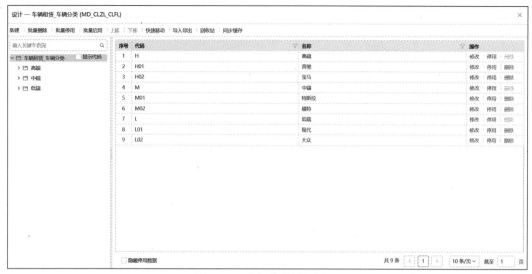

图 5-58 车辆分类录入界面

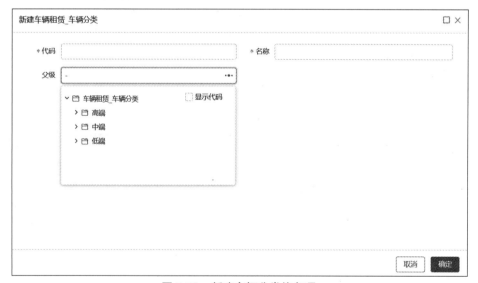

图 5-59 新建车辆分类信息项

如对某条信息项进行修改,单击操作列"修改"按钮,即可弹出该条数据对应的全部信息修改窗口,如图 5-60 和图 5-61 所示。

序号	代码	名称	操作
1	H	高端	修改 停用 删除
2	H01	奔驰	修改 停用 删除
3	H02	宝马	修改 停用 删除
4	M	中端	修改 停用 删除
5	M01	特斯拉	修改 停用 删除
6	M02	福特	修改 停用 删除
7	L	低端	修改 停用 删除
8	L01	现代	修改 停用 删除
9	L02	大众	修改 停用 删除

图 5-60 车辆分类信息

图 5-61 修改车辆分类

（2）新增"车辆分类"基础数据执行功能。

新建一个功能模块，在右侧菜单栏中对其进行配置，绑定应用一栏选择"基础数据"，绑定模块一栏选择"基础数据执行"，标题重命名为"车辆分类"，模块参数一栏基础数据选择新建好的"车辆分类"基础数据定义，如图 5-62 所示，单击"保存"按钮并进行"发布"，退出编辑模式。

图 5-62 车辆分类录入功能配置

单击进入图 5-63 所示"车辆分类"录入界面，在该界面下维护车辆分类信息，新建等操作内容与上述基础数据执行时相同。

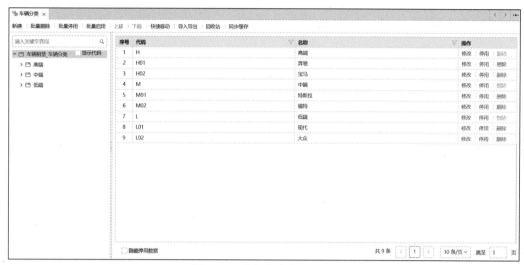

图 5-63　车辆分类录入界面

相关知识

1. 级次树基础数据

默认在界面左侧出现一个结构树。结构树依据基础数据的编码生成，假如级次码设置为342级，则表示第一级代码长度为3位，第二级代码长度为4位，第三位代码长度为2位，如图5-64所示。

```
001：测试中心
    0010001：测试一部
        001000101：测试一组
        001000102：测试二组
    0010002：测试二部
        001000201：测试三组
```

图 5-64　级次树

2. 树基础数据

默认在界面左侧出现一个结构树，选择树的某个节点，新增基础数据自动属于选择节点的下级节点，和基础数据的编号无关，如图5-65所示。

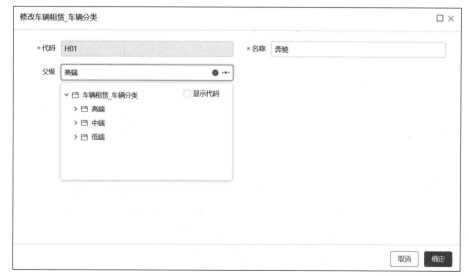

图 5-65　选择父级

任务 5.3　创建租赁公司分组基础数据

任务描述

为实现畅捷出行集团"员工信息管理"与"车辆信息管理"的需求，钱同学需要应用基础数据功能，创建此功能模块并进行功能测试，从而学会分组基础数据应用生成。

（1）功能模块的功能包括新建、修改、删除等基本功能。

（2）员工信息以部门树进行管理，包括工号、姓名、性别、所在部门、手机号等。

（3）员工信息的性别及所在部门可通过单击录入框，弹出下拉框进行选择。

（4）车辆以车辆分类树进行管理，包括名称、车辆分类、车牌号、购置日期、入账价值、备注等。

（5）车辆购置日期可单击窗口进行选择，车辆分类可提供下拉选择。

技术分析

为了在系统中顺利创建公司分组基础数据，需要掌握如下操作：

（1）通过工具栏中的"新建定义"按钮，新建两个基础数据定义。

（2）通过基础数据定义操作栏中的"设计"按钮，可以对基础数据定义的属性、字段、展示进行维护。

（3）通过基础数据定义设计界面的"属性"页签，将员工信息及车辆基础数据以分组列表形式进行展开。

（4）通过基础数据定义设计界面的"字段维护"页签，单击"新建字段"按钮，为员工信息新建性别、所在部门、手机号等与需求相关字段，为车辆新建车辆分类、车牌号、入账价值、购置日期、备注等于需求相关字段。

（5）通过基础数据定义设计界面的"展示配置"页签，单击"选择字段"按钮，将员工信息及车辆基础数据内的相关业务用字段展示在录入界面中，同时可对字段的录入条件进行设置，令其在录入时必填、只读或不做限制。

（6）通过基础数据定义操作栏"执行"按钮，可以在设计好的基础数据定义下进行相关的数据录入。

任务实现

1. 新增性别枚举字典

进入枚举数据功能，如图 5-66 所示，单击工具栏中的"新建"按钮，新建一个枚举字典。

图 5-66　枚举数据工具栏

弹出新建窗口，配置枚举字典下的一个枚举值及名称如"性别"，单击"确定"按钮，即可完成"性别"枚举字典的新建，如图 5-67 所示。

图 5-67 性别新建窗口

单击工具栏中的"同步缓存"按钮,选中左侧"性别"枚举字典,可查看枚举字典下所存储的数据项,通过"新建"继续创建"女"枚举项,完成后如图 5-68 所示。

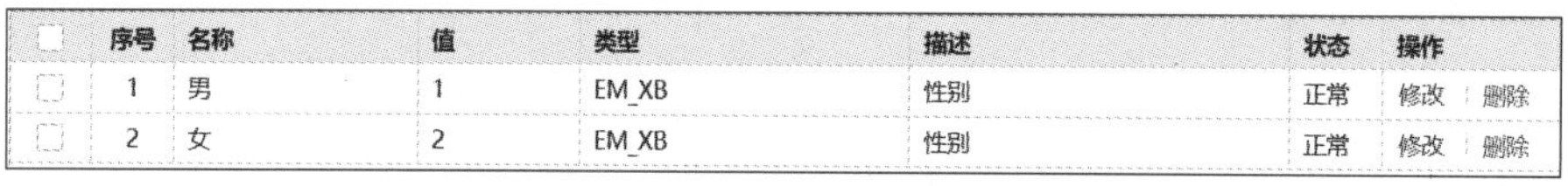

序号	名称	值	类型	描述	状态	操作
1	男	1	EM_XB	性别	正常	修改 | 删除
2	女	2	EM_XB	性别	正常	修改 | 删除

图 5-68 性别枚举字典

配置员工信息

2. 创建员工信息基础数据

(1)新建"员工信息"基础数据定义。

进入基础数据功能,选中任务 5.3 中所建车辆租赁分组,单击工具栏中的"新建定义"按钮,弹出"新建定义"窗口,输入员工信息基础数据定义的标识及名称,如图 5-69 所示。单击"确定"按钮即完成定义新建。

图 5-69 新建员工信息基础数据定义

新建完成的基础数据定义会显示在右侧列表中,单击操作列的"设计"按钮,对员工信息的基础数据属性及字段进行配置,如图 5-70 所示。

图 5-70 员工信息基础数据定义

单击"设计"按钮编辑员工信息基础数据定义属性,切换至"字段维护"页签,单击"新建字段"按钮,新建员工信息所需的相应业务字段,弹出"新建字段"窗口,为所需业务字段配置其标识、名称及类型,如图 5-71 所示。完成后单击"确定"按钮,即可完成一个字段的新建。

图 5-71 新建字段

所创建的业务字段会显示在默认字段的下方,如图 5-72 所示。

17	XB	性别	字符型	60	EM_XB	修改	删除	属性
18	SZBM	所在部门	字符型	200	MD_CLZL_B...	修改	删除	属性
19	SJH	手机号	字符型	100		修改	删除	属性

图 5-72 客户信息业务字段

由于性别及所在部门需设置为选择填写的形式,故需为该字段设置引用,在新建字段时,选择类型为"字符型",关联类型分别选择"枚举类型"及"基础数据",关联属性分别选择在枚举数据中创建的"性别"枚举字典与基础数据中的"部门"基础数据,完成该配置后,即可在填写该字段时进行选择,如图 5-73 和图 5-74 所示。

图 5-73 性别字段配置界面

图 5-74 部门字段配置界面

如图 5-75 所示，代码与名称为基础数据的默认字段，在录入基础数据项时，其代码与名称为必填项，为避免录入的烦琐性质，可根据基础数据的性质对代码及名称进行重命名，将代码名称替换为业务中同样拥有唯一性的字符串。

3	CODE	代码	字符型	60		修改	删除	属性
4	OBJECTCODE	对象代码	字符型	60		修改	删除	属性
5	NAME	名称	字符型	200		修改	删除	属性

图 5-75 默认字段

在"员工信息"基础数据中，员工的工号拥有唯一性，故可将代码字段的名称替换为"工号"；同时出于严谨性，可将名称字段重命名为员工的"姓名"，单击操作列的"修改"按钮对字段名称进行修改，如图 5-76 和图 5-77 所示。

图 5-76 代码字段修改为工号字段

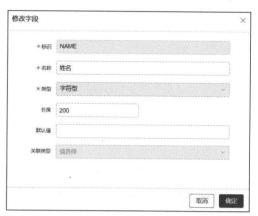

图 5-77 名称字段修改为姓名字段

切换回"属性"页签，结构类型选择"分组列表"，分组字段绑定"字段维护"中新建的所在部门字段进行关联，如图 5-78 所示。

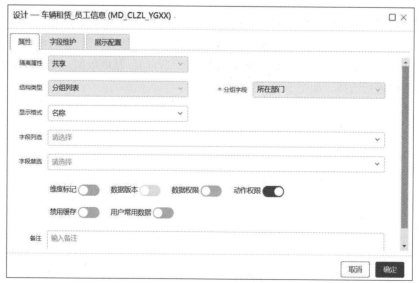

图 5-78 员工信息基础数据定义属性配置

单击切换至"展示配置"页签,默认展示序号、标识、名称三个字段,单击"选择字段"按钮,弹出"选择字段"窗口,勾选所需录入信息的字段,如图5-79所示。单击"确定"按钮。

图 5-79 选择字段界面

单击操作列"删除"按钮可删除不需要录入及展示的字段;长按排序列图标可拖动改变字段间排序;勾选"必填",则在信息录入时,该字段必须填写,否则无法保存;勾选"只读",该字段无法进行填写;勾选"显示列",该字段可在基础数据信息列中进行信息展示,员工信息展示配置如图 5-80 所示。

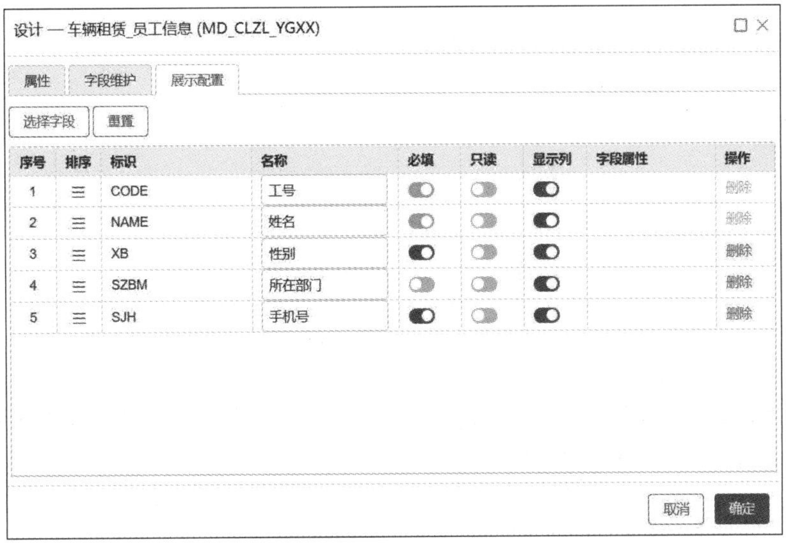

图 5-80 员工信息展示配置

完成员工信息基础数据的相关属性及字段配置,单击操作列的"执行"进入员工信息录入界面,如图 5-81 所示。

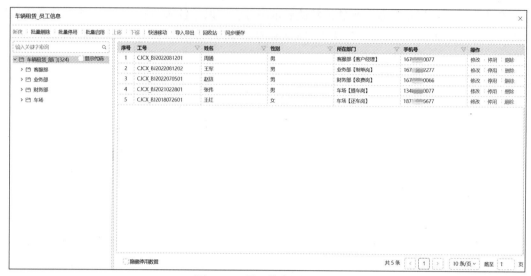

图 5-81 员工信息录入界面

单击工具栏中的"新建"按钮,弹出新建员工信息项窗口,录入字段按照在设计中所配置的字段进行展示,如图 5-82 所示。输入相应信息后单击"确定"按钮,即可完成一条信息的录入。

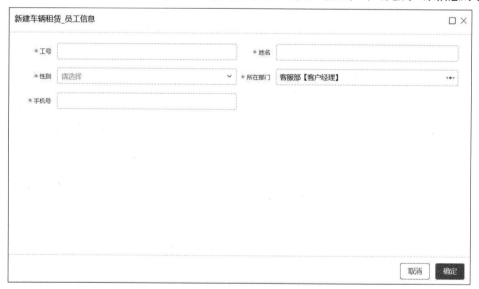

图 5-82 新建员工信息项

如对某条信息项进行修改,单击操作列"修改"按钮,即可弹出该条数据对应的全部信息修改窗口,如图 5-83 和图 5-84 所示。

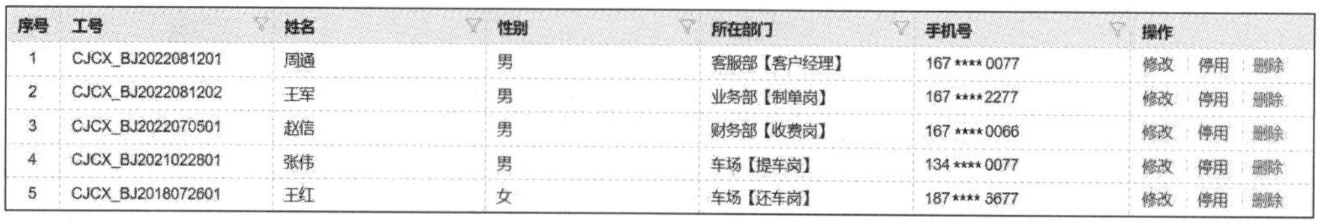

序号	工号	姓名	性别	所在部门	手机号	操作
1	CJCX_BJ2022081201	周通	男	客服部【客户经理】	167****0077	修改 停用 删除
2	CJCX_BJ2022081202	王军	男	业务部【制单岗】	167****2277	修改 停用 删除
3	CJCX_BJ2022070501	赵信	男	财务部【收费岗】	167****0066	修改 停用 删除
4	CJCX_BJ2021022801	张伟	男	车场【提车岗】	134****0077	修改 停用 删除
5	CJCX_BJ2018072601	王红	女	车场【还车岗】	187****5677	修改 停用 删除

图 5-83 员工信息

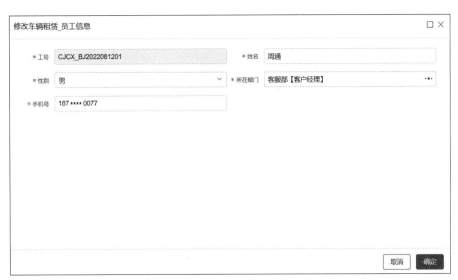

图 5-84　修改员工信息

（2）新增"员工信息"基础数据执行功能。

新建一个功能模块，在右侧菜单栏中对其进行配置，绑定应用一栏选择"基础数据"，绑定模块一栏选择"基础数据执行"，标题重命名为"员工信息"，模块参数一栏基础数据选择新建好的"员工信息"基础数据定义，如图 5-85 所示。单击"保存"按钮并进行"发布"，退出编辑模式。

单击进入"员工信息"录入界面，在该界面下维护业务所需员工信息，新建等操作内容与上述基础数据执行时相同，如图 5-86 所示。

图 5-85　员工信息录入功能配置

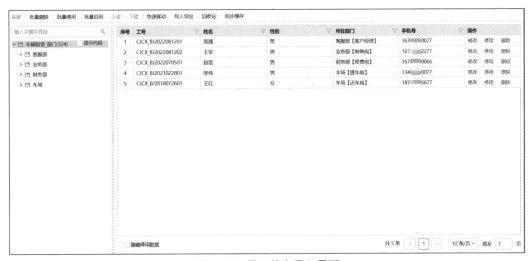

图 5-86　员工信息录入界面

3. 创建车辆基础数据

（1）新建"车辆"基础数据定义。

进入基础数据功能，选中任务 5.3 中所建车辆租赁分组，单击工具栏中的"新建定义"按钮，弹出"新建定义"窗口，输入车辆基础数据定义的标识及名称，如图 5-87 所示。单击"确定"按钮即完成定义新建。

图 5-87 新建车辆基础数据定义

新建完成的基础数据定义会显示在右侧列表中，单击操作列的"设计"按钮，对车辆的基础数据属性及字段进行配置，如图 5-88 所示。

图 5-88 车辆基础数据定义

单击"设计"按钮编辑车辆基础数据定义属性，切换至"字段维护"页签，单击"新建字段"按钮，新建车辆所需的相应业务字段，弹出"新建字段"窗口，如图 5-89 所示。为所需业务字段配置其标识、名称及类型，完成后单击"确定"按钮，即可完成一个字段的新建。

图 5-89 新建字段

所创建的业务字段会显示在默认字段的下方，如图 5-90 所示。

17	CLFL	车辆分类	字符型	200		MD_CLZL_...	修改	删除	属性
18	CPH	车牌号	字符型	100			修改	删除	属性
19	GZRQ	购置日期	日期型	0			修改	删除	属性
20	RZJZ	入账价值	数值型	18	2		修改	删除	属性
21	BZ	备注	字符型	3000			修改	删除	属性

图 5-90　车辆业务字段

由于车辆分类需设置为选择填写的形式，故需为该字段设置引用，在新建字段时，选择类型为"字符型"，关联类型选择"基础数据"，关联属性选择基础数据中创建的"车辆分类"基础数据，如图 5-91 所示。完成该配置后，即可在填写该字段时进行选择。

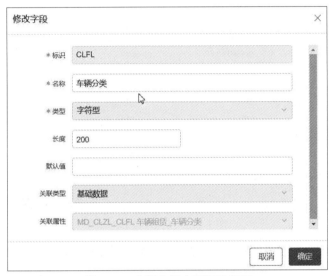

图 5-91　车辆分类字段配置界面

切换回"属性"页签，结构类型选择"分组列表"，分组字段绑定"字段维护"中新建的所在车辆分类字段进行关联，如图 5-92 所示。

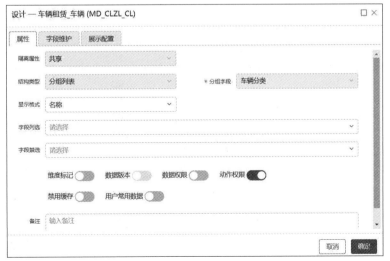

图 5-92　车辆基础数据定义属性配置

单击切换至"展示配置"页签，默认展示序号、标识、名称三个字段，单击"选择字段"按钮，弹出"选择字段"窗口，勾选所需录入信息的字段，如图5-93所示。单击"确定"按钮。

图 5-93　选择字段界面

单击操作列"删除"按钮可删除不需要录入及展示的字段；长按排序列图标可拖动改变字段间排序；勾选"必填"，则在信息录入时，该字段必须填写，否则无法保存；勾选"只读"，该字段无法进行填写；勾选"显示列"，该字段可在基础数据信息列中进行信息展示，车辆展示配置如图5-94所示。

图 5-94　车辆展示配置

完成车辆基础数据的相关属性及字段配置，单击操作列的"执行"进入车辆录入界面，如图 5-95 所示。

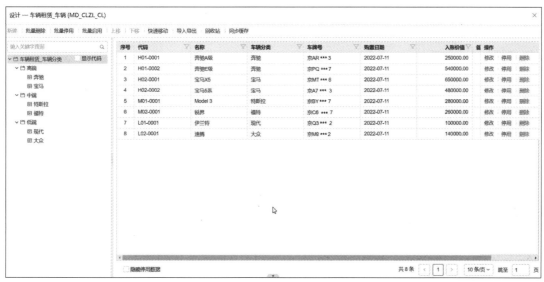

图 5-95　车辆录入界面

单击工具栏中的"新建"按钮，弹出新建车辆信息项窗口，录入字段按照在设计中所配置的字段进行展示，如图 5-96 所示。输入相应信息后单击"确定"按钮，即可完成一条信息的录入。

图 5-96　新建车辆信息项

如对某条信息项进行修改，单击操作列"修改"按钮，即可弹出该条数据对应的全部信息修改窗口，如图 5-97 和图 5-98 所示。

序号	代码	名称	车辆分类	车牌号	购置日期	入账价值	备	操作
1	H01-0001	奔驰A级	奔驰	京A *** A3	2022-07-11	250000.00		修改 停用 删除
2	H01-0002	奔驰E级	奔驰	京P *** B7	2022-07-11	540000.00		修改 停用 删除
3	H02-0001	宝马X5	宝马	京M ***B6	2022-07-11	650000.00		修改 停用 删除
4	H02-0002	宝马5系	宝马	京A *** C3	2022-07-11	480000.00		修改 停用 删除
5	M01-0001	Model 3	特斯拉	京B *** N7	2022-07-11	280000.00		修改 停用 删除
6	M02-0001	锐界	福特	京C *** 97	2022-07-11	260000.00		修改 停用 删除
7	L01-0001	伊兰特	现代	京Q *** E2	2022-07-11	100000.00		修改 停用 删除
8	L02-0001	速腾	大众	京M *** 52	2022-07-11	140000.00		修改 停用 删除

图 5-97　车辆信息

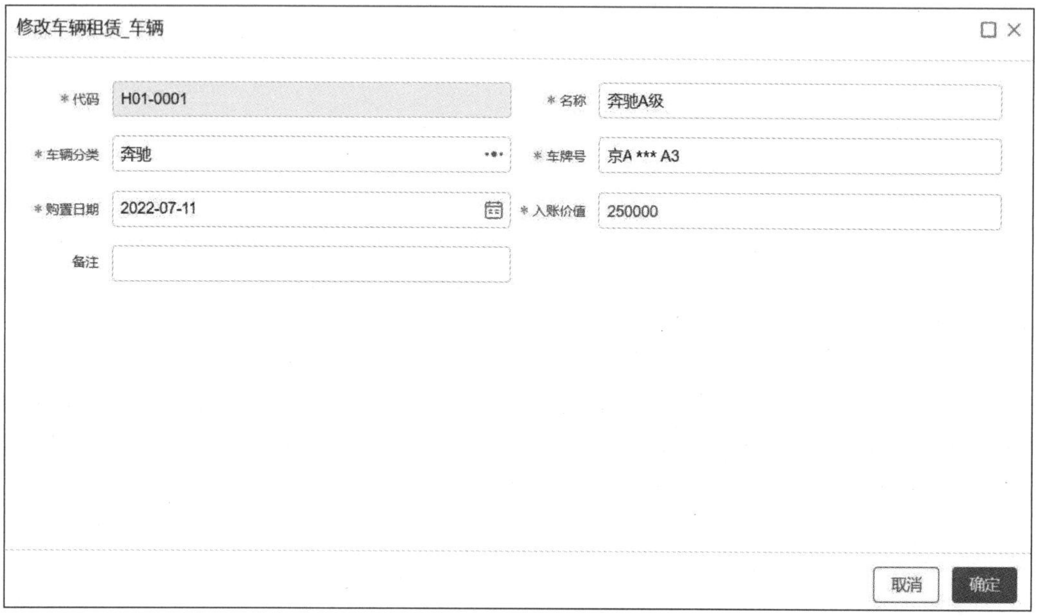

图 5-98　修改车辆信息

（2）新增"车辆"基础数据执行功能。

新建一个功能模块，在右侧菜单栏中对其进行配置，绑定应用一栏选择"基础数据"，绑定模块一栏选择"基础数据执行"，标题重命名为"车辆"，模块参数一栏基础数据选择新建好的"车辆"基础数据定义，如图 5-99 所示。单击"保存"按钮并进行"发布"，退出编辑模式。

单击"车辆"录入界面，在该界面下维护业务所需车辆信息，新建等操作内容与上述基础数据执行时相同，如图 5-100 所示。

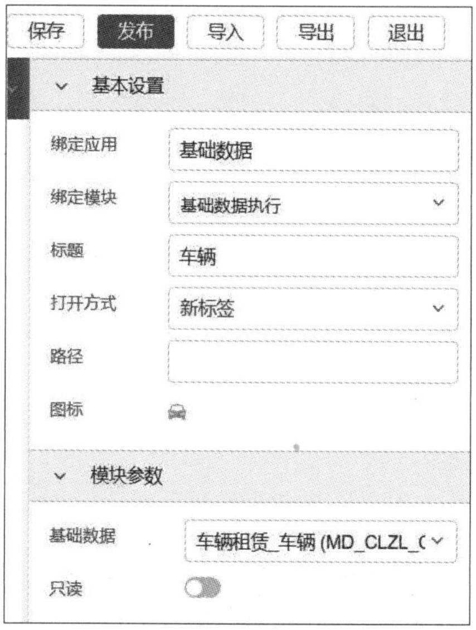

图 5-99　车辆录入功能配置

图 5-100 车辆录入界面

相关知识

可以设置按某个分组字段在界面左侧显示一个树形,分组字段必须是关联其他基础数据的字段。

当选择基础数据展示形式为"分组列表"时,可在"分组字段"一栏选择符合条件的字段,若无引用其他基础数据的字段,则无法使用该形式进行展示。

单元考评表

基础数据实践考评表

被考评人		考评单元	单元5 基础数据实践	
考评维度		考评标准	权重(1)	得分(0~100)
内容维度	枚举数据管理	掌握主要组件的作用与使用方法	0.05	
	基础数据定义	掌握主要组件的作用与使用方法	0.1	
	基础数据执行	掌握主要组件的作用与使用方法	0.05	
任务维度	创建普通基础数据	创建普通基础数据,创建字段	0.2	
	创建树形基础数据	创建树形基础数据,创建字段	0.2	
	创建分组基础数据	创建分组基础数据,创建字段	0.2	

续表

职业维度	职业素养	能理解任务需求，并在指导下实现预期任务，能自主搜索资料和分析问题	0.1	
	团队合作	能进行分工协作，相互讨论与学习	0.1	
	加权得分			
	评分规则	A	B	C	D
		优秀	良好	合格	不合格
		86～100	71～85	60～70	60以下
	考评人			

单元小结

本单元主要介绍了创建分组、树形、列表等不同形式的基础数据，并根据业务需求为字段设置相应引用信息项。通过本单元的学习，读者可以拓展基础数据相关知识概念，掌握根据业务需求设计基础数据的分析能力，加强业务设计规范意识，提高业务创新性思维。

基础数据设计中需注意，基础数据在设计完成后，一旦录入数据将无法进行基础数据类型的修改，如需修改基础数据类型，请将基础数据下全部信息项（包括回收站）删除，方可回到设计中进行修改。

单元习题

1. 选择题

（1）下列选项中，基础数据字段关联类型无法引用的是_____。

  A. 基础数据

  B. 角色标识

  C. 枚举类型

  D. 组织机构

（2）下列四种结构类型中，根据编码规则决定基础数据信息项上下级关系的结构类型是_____。

  A. 列表

  B. 分组列表

  C. 树

  D. 级次树

（3）当维护基础数据项时，想要恢复删除的基础数据项，应该使用工具栏中的_____。

　　A. 批量启用

　　B. 批量停用

　　C. 回收站

　　D. 同步缓存

（4）下列四种结构类型中，基础数据项拥有上下级关系的有_____（多选）。

　　A. 列表

　　B. 分组列表

　　C. 树

　　D. 级次树

（5）下列工具中，可以新建基础数据项的有_____（多选）。

　　A. 新建

　　B. 批量启用

　　C. 导入导出

　　D. 同步缓存

2. 填空题

（1）设置分组列表类型基础数据时，需先进入_____页签，新建_____型字段，关联_____类型后，方可返回_____页签绑定分组字段。

（2）新建基础数据信息时，默认必填的两个字段为_____与_____。

（3）当需要修改一个含有信息的基础数据定义结构类型时，可以使用_____功能将信息以 Excel 形式进行导出，删除完执行内的全部信息后，还需在_____中彻底删除，才能回到基础数据定义的设计中修改结构类型。

（4）在展示配置中，勾选字段的_____按钮，则在新建字段时该字段不能为空，否则无法保存；勾选字段的_____按钮，则无法编辑该字段；勾选_____按钮，则可在定义执行界面中显示该字段的列信息。

（5）_____与_____两种结构类型可以使基础数据信息按照上下级关系进行展示。

3. 简答题

（1）请分别描述列表、分组列表、树形、级次树型四种结构类型各自适用于什么样的基础数据信息。

（2）请描述对基础数据设计一些常用操作项的理解，以及对这一功能项的看法。

单元 6　数据建模实践

情境引入

在"车辆租赁系统"建设过程中,孙同学结合赵同学在畅捷出行集团的需求调研报告,需要在系统中记录汽车租赁的相关信息。在设计租赁单据界面之前,须提前设计单据中所存在的信息(字段列信息),这里就需要用到低代码平台的数据建模功能。

在玖老师的指导下,在系统设计中将畅捷出行集团所需的车辆租赁系统的租赁单单据进行拆分,获得一张租赁单主表及两张子表(车辆信息子表、费用信息子表:一个输入框可以完全显示的字段在单据主表中设计,不确定行数的信息用单据子表设计),分别设计出对应的单据主表、子表模型,以满足畅捷出行集团在车辆租赁单中记录主要信息、车辆信息、费用信息的需求。

学习目标

(1)掌握数据建模的基本概念和设计思路。
(2)能够通过低代码平台设计主表、子表模型。
(3)能够通过分析需求选择使用何种类型的字段。
(4)能够具备分析业务需求能力。
(5)能够树立良好的数据建模设计规范意识。

任务 6.1　新建租赁单主表

任务描述

为满足畅捷出行集团"登记车辆租赁单主要信息"的需求,孙同学在系统设计中需要应用数据建模功能,创建单据主表进行字段配置,从而实现记录登记车辆租赁主要信息功能。

(1)租赁单主表包含客户、手机号、信用卡号、证件号、客户经理、客户经理手机号、费用总计、备注等字段。
(2)客户及客户经理可以从基础数据中的客户信息及员工信息中选择。

技术分析

为了在系统中顺利新建租赁单主表,需要掌握如下操作:

（1）通过低代码平台提供的数据建模功能，新建租赁单主表。

（2）通过工具栏中的"新建分组""新建定义"按钮，新建分组及表定义。

（3）通过表定义操作栏中的"字段维护"按钮，可以对表定义的字段进行维护。

（4）通过"新建字段"或"连续新建字段"按钮，新建字符型、整数型、数值型、日期型等与需求相关字段。

（5）通过工具栏中的"发布"按钮，对完成字段维护的表定义进行发布。

🎯 任务实现

1. 创建租赁单主表定义

（1）新增"数据建模"模块。

新建一个功能模块，在右侧菜单栏中对其进行配置，绑定应用一栏选择"元数据"，绑定模块一栏选择"数据建模"，标题命名为"数据建模"，如图 6-1 所示。单击"保存"按钮并进行"发布"，退出编辑模式。

（2）新建"租赁单"主表定义。

单据主表有且只有一个，用于记录单据唯一属性值。进入数据建模功能，单击工具栏中的

图 6-1 数据建模功能模块配置

视频 介绍租赁单定义与字段列类型

"新建分组"按钮，新建一个分组，便于车辆租赁相关表定义，弹出"新建分组"窗口，配置对应的分组标识及名称后，单击"确定"按钮，即可完成车辆租赁分组新建，所创建的分组将会显示在左侧分组列表中，如图 6-2 和图 6-3 所示。

图 6-2 新建车辆租赁分组

图 6-3 车辆租赁分组

选中车辆租赁分组，单击工具栏中的"新建定义"按钮，弹出新建定义窗口，输入租赁单主表定义的标识及名称，表类型选择"单据主表"，如图 6-4 所示。单击"确定"按钮即完成定义新建。

图 6-4　新建租赁单主表定义

新建完成的租赁单主表定义会显示在右侧列表中,如图 6-5 所示。单击操作列的"字段维护"按钮,对租赁单的字段进行配置。

序号	标识	名称	分组	备注	状态	操作
1	CLZL_ZLD	租赁单	车辆租赁		发布	字段维护 ｜ 查看 ｜ 删除

图 6-5　租赁单主表定义

进入租赁单主表字段维护界面,主表默认有唯一标识、行版本、单据定义、单据编号等默认字段,如图 6-6 所示。

序号	标识	名称	值类型	值引用类型	值引用	长度	小数位	操作
1	ID	唯一标识	UUID型			36		修改 ｜ 删除
2	VER	行版本	数值型			19	0	修改 ｜ 删除
3	DEFINECODE	单据定义	字符型			60		修改 ｜ 删除
4	BILLCODE	单据编号	字符型			60		修改 ｜ 删除
5	BILLDATE	单据日期	日期型					修改 ｜ 删除
6	BILLSTATE	单据状态	整数型	枚举	EM_BILLSTATE.VAL	5		修改 ｜ 删除
7	CREATEUSER	创建人	UUID型	用户	AUTH_USER.ID	36		修改 ｜ 删除
8	CREATETIME	创建时间	日期时间型					修改 ｜ 删除
9	UNITCODE	组织机构	字符型	组织机构	MD_ORG.CODE	60		修改 ｜ 删除
10	QRCODE	二维码	字符型			100		修改 ｜ 删除
11	IMAGESTATE	影像状态	整数型	枚举	EM_IMAGESTATE.VAL	2		修改 ｜ 删除
12	IMAGETYPE	影像类型	字符型	枚举	EM_IMAGETYPE.VAL	5		修改 ｜ 删除
13	QUOTECODE	附件引用码	字符型			43		修改 ｜ 删除
14	ATTACHNUM	附件数量	整数型			5		修改 ｜ 删除
15	DISABLESENDMAILFLAG	禁止发送邮件	布尔型			1		修改 ｜ 删除
16	GOTOLASTREJECT	直达驳回节点	布尔型			1		修改 ｜ 删除
17	KH	客户	字符型	基础数据	MD_CLZL_KHXX.OBJECTCODE	200	0	修改 ｜ 删除
	SJH	手机号	字符型			11		修改 ｜ 删除

图 6-6　主表定义默认字段

主表主要字段说明见表 6-1。

表 6-1 主表主要字段说明

字段标识	字段名称	说明
ID	唯一标识	系统默认主键
DEFINECODE	单据定义	保存创建单据记录的原始单据定义值
BILLCODE	单据编号	如果对单据编号规则有需求，可通过配置单据编号规则来实现自动生成编号，不可重建新字段
BILLSTATE	单据状态	保存审批过程中的状态值，对应单据状态枚举
BILLDATE	单据日期	单据产生的日期，系统自动维护
CREATEUSER	创建人	单据的创建人，引用系统用户表 AUTH_USER

单击"新建字段"或"连续新建字段"按钮，弹出"新建字段"窗口，为所需业务字段配置其标识、名称及类型，如图 6-7 所示。完成后单击"确定"按钮，即可完成一个字段的新建。

图 6-7 新建表定义字段

字段类型简介见表 6-2。

表 6-2 字段类型简介

字段类型	说明
UUID 型	可关联枚举、基础数据、组织机构，支持多选时使用
字符型	常用于保存字符串，如手机号、姓名、编号等。 如果需要关联其他基础数据或枚举，需要定义为字符类型，并指定要关联的基础数据或枚举
整数型	保存整数型
数值型	带小数位数的数值
日期型	只保存到年月日的日期

续表

字段类型	说明
日期时间型	带时分秒的更精细的日期
文本型	保存较大的字符串时使用
布尔型	一般用于保存开关式数据，如 0 和 1

所创建的业务字段会显示在默认字段的下方，如图 6-8 所示。

17	KH	客户	字符型	基础数据	MD_CLZL_KHXX.OBJECTCODE	200	0	修改	删除
18	SJH	手机号	字符型			11	0	修改	删除
19	XYKH	信用卡号	字符型			100	0	修改	删除
20	ZJH	证件号	字符型			100	0	修改	删除
21	KHJL	客户经理	字符型	基础数据	MD_CLZL_YGXX.OBJECTCODE	200	0	修改	删除
22	KHJLSJH	客户经理手机号	字符型			11	0	修改	删除
23	FYZJ	费用合计	数值型			18	2	修改	删除
24	BZ	备注	字符型			3000	0	修改	删除

图 6-8 租赁单主表字段

由于客户、客户经理需设置为选择填写的形式，故需为该字段设置引用，在新建字段时，选择类型为"字符型"，关联类型选择"基础数据"，关联属性选择在基础数据中创建的"客户信息""员工信息"，如图 6-9 和图 6-10 所示，完成该配置后，即可在填写该字段时弹出"客户信息"及"员工信息"进行选择。

视频

设计租赁单与发布

图 6-9 客户字段配置界面

图 6-10 客户经理字段配置界面

完成相关业务字段新建，单击工具栏中的"保存配置"按钮，保存并结束字段维护，返回数据建模界面，单击数据建模工具栏中的"发布"按钮，对租赁单主表进行发布，弹出发布界面，勾选所需发布的表定义，单击"发布"按钮，即可完成表定义发布，如图 6-11 和图 6-12 所示。

图 6-11 数据建模表定义发布

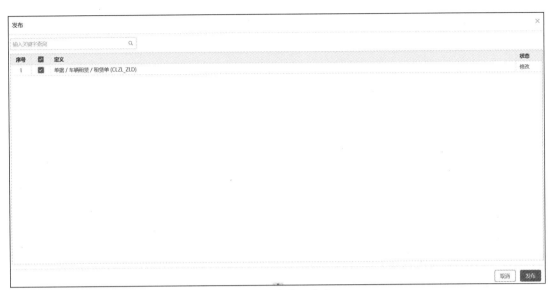

图 6-12 表定义发布

> **相关知识**

为了更加便捷、高效地进行表定义创建，低代码平台具备相应的一些附加功能，如复制定义、查看索引、导入、导出、同步缓存等。

1. 分组

（1）新建分组：单击新建分组，弹出"新建分组"界面，如图 6-13 所示。

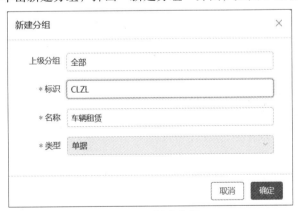

图 6-13 新建分组

①标识：必填，大写字母开头（录入小写自动转大写），可含大写字母、数字，长度为 2～50 个字符，同一类型下标识不允许重复。

②名称：必填，长度为 2～50 个字符。

③类型：必填，默认为选定的类型"单据"，不能修改。

④上级分组：必填，默认显示单击新建分组按钮时选定的分组，未选择分组或选择全部时，上级分组为空，可修改，可选项为单据类型下的所有分组。

（2）修改分组：选中分组，单击工具栏中的"修改分组"按钮，弹出"修改分组"界面，如图6-14所示。

图6-14 修改分组

①标识、类型不可修改，其他内容均可修改。

②上级分组的可选范围是单击修改分组按钮时选定类型下的除当前分组及其下级分组以外的所有分组。

③系统固化分组（公用、其他、系统）不允许修改，修改分组按钮不可用。

（3）删除分组：选中分组，单击工具栏中的"删除分组"按钮，确定后删除分组。系统固化分组（公用、其他、系统），分组中有下级分组或模型定义时，不允许删除分组，"删除分组"按钮不可用。

2. 模型定义

用于模型定义的维护，包括增、删、改、查；模型定义的状态包括新建、修改、发布，新增定义的状态为新建，发布成功后，定义状态为发布。对于未发布过的定义修改后，状态为新建；已发布过的定义修改后，状态为修改。模型定义新建、修改后，必须要发布维护的表，发布后字段才能生效。

图6-15 新建定义

（1）新建定义：单击新建定义，弹出"新建定义"界面，如图6-15所示。

①标识：必填，大写字母开头，字母录入小写自动转大写，可含字母、数字、下划线，长度为2～50个字符，不允许重复。

②名称：必填，长度为2～50个字符。

③类型：必填，默认为选定的类型"单据"，不能修改。

④表类型：可选项为单据主表、单据子表等。

⑤分组：必填，默认显示单击新建定义按钮时选定的分组，未选择分组或选择全部时，上

级分组为空,可修改,可选项为单击新建定义按钮时选定类型下的除"全部"外的所有分组。

⑥备注:字符长度不可超过 1 000,否则超出部分无法录入。

(2)修改定义:选择模型定义,单击工具栏中的"修改定义"按钮,弹出"修改定义"界面。

①标识、类型、表类型不允许修改,名称、分组、备注均可修改。

②未发布过的定义修改后,状态为"新建",已发布过的定义修改后,状态为"修改"。

(3)删除定义:单击模型定义对应操作列的删除按钮,删除定义。

①新建状态的定义单击"删除"按钮,即删除定义。

②修改状态的定义单击"删除"按钮,定义不会被删除,状态也由修改变为发布,模型定义的字段信息应更新为最近一次发布后的字段信息。

③发布状态的数据模型定义时不允许被删除的,操作列的删除按钮置灰不可用。

3. 字段维护

维护模型定义中的字段,固化字段的维护,自定义字段的增、删、改、查。

(1)新建字段:在字段维护页面,单击右上方"新建字段"按钮,打开"新建字段"界面,如图6-16所示。

图 6-16 新建字段

①标识:必填,必须以大写字母开头,可包含大写字母、数字、下划线,长度为 2 ~ 50 个字符,不允许重复。

②名称:必填,长度为 2 ~ 50 个字符。

③类型:必填,可选项为 UUID 型、字符型、整数型、数值型、日期型、日期时间型、文本型、布尔型。

④多选:字段类型为 UUID 型,该选项可见,默认"关",可修改;设置为多选后,可设置关联属性,确定后自动创建该表对应的多选子表(表标识_M),首次维护多选字段后多选子表为新建状态,发布时需将单据主子表、主子表的多选子表一起发布。

⑤关联类型：字段类型为字符型时可见可编辑，可选项为基础数据、枚举类型、组织机构。

⑥关联属性：关联类型不空时可见编辑，关联类型为基础数据时，关联属性可选项为所有基础数据；关联类型为枚举类型时，关联属性可选项为所有枚举项；关联类型为组织机构时，关联属性可选项为所有组织机构类型。

⑦长度：字段类型为字符型、整数型、数值型时可见可编辑，只能录入大于 0 的整数。关联类型的字符型字段长度默认为 200，不可修改。

⑧小数位：类型为数值型时可见可编辑，只能录入大于等于 0 的整数。

⑨默认值：类型为字符型、整数型、数值型、布尔型时可见可编辑。设置默认值后，单据设计重新保存时在单据字段规则中根据默认值设置增加一条计算值公式，新建单据时字段按默认值赋值；单据中已增加默认值的赋值公式后，再修改数据建模中的默认值，不会生效，只有修改单据公式后才能生效。

⑩不允许为空：类型为整数型、数值型或布尔型时可编辑，设置为不允许为空，单据设计重新保存时，字段必填属性打开且不可修改。新增字段设置不允许为空，发布后，数据库表中字段不为空属性同步；修改字段的不允许为空属性，发布后，数据库中字段不为空属性不同步。

⑪新建字段后，单击左上角"保存配置"按钮生效。

（2）修改字段：单击字段对应操作列中的"修改"按钮，弹出修改定义界面。

①标识不允许修改。

②固化字段允许修改名称，其中字符型、整数型、文本型可修改长度，数值型可修改长度、小数位数，其他信息不允许修改。

③自定义字段允许修改名称、类型、关联类型、关联属性、长度、小数位。

④修改控制：

- 类型控制：原字段类型为 UUID、数值型、日期型、日期时间型、文本型、布尔型，不允许修改类型。原字段类型为字符型，类型只允许修改为文本型。原字段类型为整数型，类型只允许修改为数值型。

- 长度控制：字段类型为字符型（未关联类型）、整数型、数值型、文本型时可修改，字段类型为其他类型置灰不可修改。长度只允许改大不允许改小。

- 小数位控制：字段类型为数值型时可修改，数值型除外的字段类型均不可修改。小数只允许改大不允许改小。小数位改大时，长度的增大值必须大于等于小数位的增大值。

（3）删除字段：单击字段对应操作列中的"删除"按钮，删除字段。固化字段及存在业务引用的字段不允许删除。

（4）连续新建字段：功能同新建字段，支持"确定"后不关闭新建界面，可连续新建。

（5）导入：数据建模字段维护界面，单击"导入"，打开本地路径文件，选择 csv 文件，确定后按照 csv 文件的数据导入到本地系统。

（6）导出：数据建模字段维护界面，单击"导出"，按列表展示信息导出数据至 csv 文件。

（7）复制：数据建模字段维护界面，单击"复制"，弹出字段复制界面，支持将本分组下所有表字段复制到目标表。

4. 查看索引

数据建模中选择单据业务功能，在菜单栏中有"查看索引"按钮，选择想要查看的操作行，单击"查看索引"按钮即可查看相应操作行表的索引字段的标识，如图6-17所示。

图6-17　查看索引

5. 发布

模型定义状态有新建、修改、发布，模型定义新建、修改后，必须发布，对应的表、字段才能生效。单击"发布"按钮，进入发布页面，列表中展示为所有类别（单据、其他）下新建和修改状态的数据模型定义，定义列表信息显示的格式；类型/分组/数据模型定义名称（标识），列表中勾选一条/多条定义进行发布。

6. 导入、导出及同步缓存

（1）导入：导入数据建模定义以及分组信息，可导入数据建模类型的数据，若没有符合的数据时，界面显示空。勾选导入成功后发布，数据建模导入完成后会自动发布。

（2）导出：导出数据建模定义以及分组信息，导出界面只能勾选单据和其他类型下的定义，基础数据类型的定义不支持导入导出。

（3）同步缓存：数据库中信息与缓存信息不一致时，通过单击工具栏中的"同步缓存"按钮，将数据库中的信息同步到缓存中。

任务6.2　新建车辆及费用信息子表

任务描述

为实现畅捷出行集团"登记租赁单车辆信息"与"登记租赁单费用信息"的需求，孙同学

低代码编程技术基础

在系统设计中需要应用数据建模功能,创建单据子表进行字段配置,从而实现记录车辆信息、费用信息的需求。

(1)租赁单车辆信息子表包含:车辆、车辆分类、起租日期、归还日期、车牌号等字段。

(2)租赁单费用信息子表包含:费用类别、金额字段。

(3)车辆、车辆分类可以从基础数据中的车辆及车辆分类中选择,费用类别可以从枚举数据中的费用类别进行选择。

技术分析

为了在系统中顺利新建信息子表,需要学习掌握操作:

(1)通过低代码平台提供的数据建模功能,新建车辆信息子表与费用信息子表。

(2)通过工具栏中的"新建定义"按钮,新建子表定义。

(3)通过表定义操作栏中的"字段维护"按钮,可以对表定义的字段进行维护。

(4)通过"新建字段"或"连续新建字段"按钮,新建字符型、整数型、数值型、日期型等与需求相关字段。

(5)通过工具栏中的"发布"按钮,对完成字段维护的表定义进行发布。

任务实现

1. 创建车辆信息子表定义

单据可以没有子表,也可以有多于一个的子表,用于记录单据非唯一浮动性属性值。进入数据建模功能,选中车辆租赁分组,单击工具栏中的"新建定义"按钮,弹出"新建定义"窗口,输入车辆信息子表定义的标识及名称,表类型选择"单据子表",如图6-18所示。单击"确定"按钮即完成定义新建。

视频

定义车辆明细信息并发布

图6-18 新建车辆信息子表定义

新建完成的车辆信息子表定义会显示在右侧列表中，单击操作列的“字段维护”按钮，对车辆信息子表的字段进行配置，如图 6-19 所示。

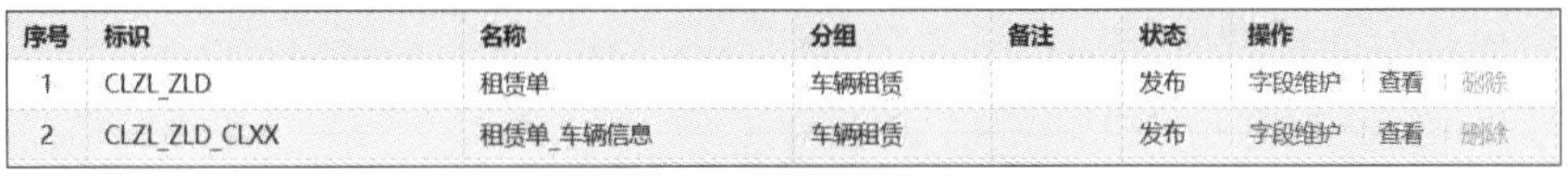

序号	标识	名称	分组	备注	状态	操作
1	CLZL_ZLD	租赁单	车辆租赁		发布	字段维护 查看 删除
2	CLZL_ZLD_CLXX	租赁单_车辆信息	车辆租赁		发布	字段维护 查看 删除

图 6-19　车辆信息子表定义

进入车辆信息子表字段维护界面，主表默认有唯一标识、行版本、主表 ID、单据编号等默认字段，如图 6-20 所示。

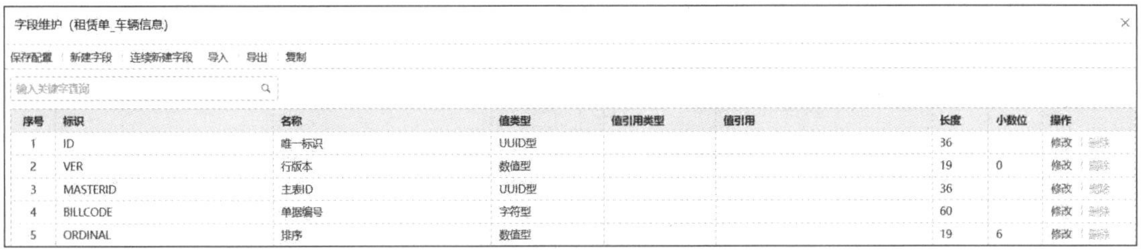

字段维护（租赁单_车辆信息）

保存配置　新建字段　连续新建字段　导入　导出　复制

输入关键字查询

序号	标识	名称	值类型	值引用类型	值引用	长度	小数位	操作
1	ID	唯一标识	UUID型			36		修改 删除
2	VER	行版本	数值型			19	0	修改 删除
3	MASTERID	主表ID	UUID型			36		修改 删除
4	BILLCODE	单据编号	字符型			60		修改 删除
5	ORDINAL	排序	数值型			19	6	修改 删除

图 6-20　子表定义默认字段

单据子表主要字段说明见表 6-3。

表 6-3　单据子表主要字段说明

字段标识	字段名称	说明
ID	唯一标识	系统默认主键
MASTERID	主表 ID	记录和该子表关联的主表的 ID 值
BILLCODE	单据编号	冗余存储单据的编号值，和主表单据编号相同

单击“新建字段”或“连续新建字段”按钮，弹出“新建字段”窗口，为所需业务字段配置其标识、名称及类型，如图 6-21 所示。完成后单击“确定”按钮，即可完成一个字段的新建。

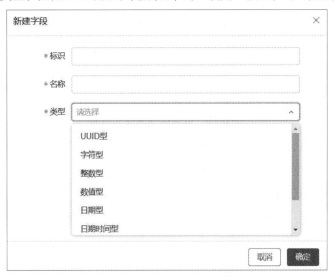

图 6-21　新建表定义字段

所创建的业务字段会显示在默认字段的下方，如图 6-22 所示。

6	CL	车辆	字符型	基础数据	MD_CLZL_CL.OBJECTCODE	200	0	修改	删除
7	CLFL	车辆分类	字符型	基础数据	MD_CLZL_CLFL.OBJECTCODE	200	0	修改	删除
8	QZRQ	起租日期	日期型			0	0	修改	删除
9	GHRQ	归还日期	日期型			0	0	修改	删除
10	CPH	车牌号	字符型			100	0	修改	删除

图 6-22　车辆信息子表字段

由于车辆、车辆分类需设置为选择填写的形式，故需为该字段设置引用，在新建字段时，选择类型为"字符型"，关联类型选择"基础数据"，关联属性选择在基础数据中创建的"车辆""车辆分类"，完成该配置后，即可在填写该字段时弹出"车辆"及"车辆分类"进行选择，如图 6-23 和图 6-24 所示。

图 6-23　车辆字段配置界面

图 6-24　车辆分类字段配置界面

完成相关业务字段新建，单击工具栏中的"保存配置"按钮，保存并结束字段维护，返回数据建模界面。单击数据建模工具栏中的"发布"按钮，对车辆信息子表进行发布，如图 6-25 所示。

图 6-25　数据建模表定义发布

弹出"发布"界面，勾选所需发布的表定义，单击"发布"按钮，即可完成表定义发布，如图 6-26 所示。

2. 创建费用信息子表定义

进入枚举数据管理，单击"新建"，完成"费用类别"的创建，如图 6-27 所示。

视　频

定义费用明细
信息并发布

单元 6　数据建模实践

图 6-26　表定义发布

	序号	名称	值	类型	描述	状态	操作	
☐	1	租赁费	1	EM_FYLB	费用类别	正常	修改	删除
☐	2	保险费	2	EM_FYLB	费用类别	正常	修改	删除
☐	3	折旧费	3	EM_FYLB	费用类别	正常	修改	删除
☐	4	押金	4	EM_FYLB	费用类别	正常	修改	删除
☐	5	其他	5	EM_FYLB	费用类别	正常	修改	删除

图 6-27　创建费用类别

进入数据建模功能，选中车辆租赁分组，单击工具栏中的"新建定义"按钮，弹出"新建定义"窗口，输入费用信息子表定义的标识及名称，表类型选择"单据子表"，如图 6-28 所示。单击"确定"按钮即完成定义新建。

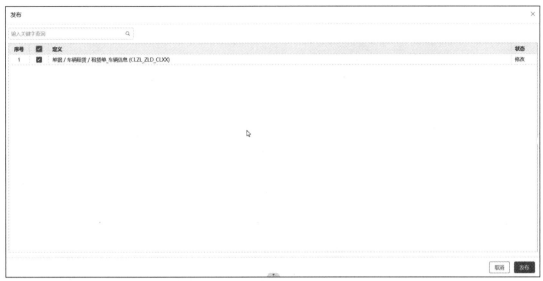

图 6-28　新建费用信息子表定义

111

新建完成的费用信息子表定义会显示在右侧列表中,单击操作列的"字段维护"按钮,对费用信息子表的字段进行配置,如图 6-29 所示。

序号	标识	名称	分组	备注	状态	操作
1	CLZL_ZLD	租赁单	车辆租赁		发布	字段维护 查看 删除
2	CLZL_ZLD_CLXX	租赁单_车辆信息	车辆租赁		发布	字段维护 查看 删除
3	CLZL_ZLD_FYXX	租赁单_费用信息	车辆租赁		发布	字段维护 查看 删除

图 6-29　费用信息子表定义

进入费用信息子表字段维护界面,单击"新建字段"或"连续新建字段"按钮,弹出"新建字段"窗口,为所需业务字段配置其标识、名称及类型,所创建的业务字段会显示在默认字段的下方,如图 6-30 所示。

| 6 | FYLB | 费用类别 | 字符型 | 枚举 | EM_FYLB.VAL | 60 | 0 | 修改 删除 |
| 7 | JE | 金额 | | 数值型 | | | 18 | 2 | 修改 删除 |

图 6-30　费用信息子表字段

由于费用类别需设置为选择填写的形式,故需为该字段设置引用,在新建字段时,选择类型为"字符型",关联类型选择"枚举类型",关联属性选择在枚举数据中创建的"费用类别",完成该配置后,即可在填写该字段时弹出"费用类别"进行选择,如图 6-31 所示。

图 6-31　费用类别配置界面

完成相关业务字段新建,单击工具栏中的"保存配置"按钮,保存并结束字段维护,返回数据建模界面,单击数据建模工具栏中的"发布"按钮,对费用信息子表进行发布。

相关知识

1. 数据建模

数据建模功能可以用来新建、查看、修改业务表的参数,即通过数据建模新建、查看、修改物理表及表中的字段,如图 6-32 所示。

图 6-32　数据建模

左侧上方可下拉选择业务类型，包括基础数据、单据、其他。默认为单据，选择业务类型后，工具栏显示对应类型的操作按钮，下方展示对应类型的分组信息。切换分组后，右侧展示对应分组下的业务表标识和名称。

（1）数据建模（基础数据）。

选择业务类型基础数据后，左下方显示的基础数据类型的分组信息，默认展开一级，显示系统、公用、其他三个固化分组，选中分组后右侧展示的是基础数据定义对应的业务表。

低代码平台是通过基础数据设计功能反向建模，数据建模功能用来查看基础数据业务的参数，即通过数据建模查看物理表及表中的字段，通过操作列的"查看"即可查看业务表字段信息，如图 6-33 所示。

图 6-33　数据建模—基础数据

（2）数据建模（单据）。

选择业务类型单据后，下方显示的单据类型的分组信息，默认展开一级，显示系统、公用、其他三个固化分组，选中分组后右侧展示的是单据定义使用的单据主表、子表对应的业务表。

通过新建分组、修改分组、删除分组、新建定义、修改定义、复制定义、查看索引、导入、导出、发布、同步缓存等操作按钮进行业务表的相关维护，如图 6-34 所示。

图 6-34　数据建模—单据

（3）数据建模（其他）。

选择业务类型其他后，下方显示的其他类型的分组信息，默认展开一级，显示系统、公用、其他三个固化分组，选中分组后右侧展示的是其他类型下的模型定义。

通过新建分组、修改分组、删除分组、新建定义、修改定义、复制定义、索引、导入、导出、发布、同步缓存等操作按钮进行业务表的相关维护。

①新建定义，定义的属性中不包含表类型。

②新建定义后固化字段，如图 6-35 所示。

图 6-35　数据建模—其他

单元考评表

数据建模实践考评表

被考评人		考评单元	单元6 数据建模实践	
考评维度		考评标准	权重（1）	得分（0~100）
内容维度	数据建模	掌握数据建模的基本概念与设计思路	0.1	
	单据主表	掌握主表的作用并选择正确的字段类型	0.2	
	单据子表	掌握子表的作用并选择正确的字段类型	0.2	
任务维度	完成租赁单据的主表设计	创建租赁单主表定义并进行字段维护	0.1	
	完成租赁单据的车辆信息子表设计	创建租赁单车辆信息子表并完成字段配置	0.1	
	完成租赁单据的费用信息子表设计	创建租赁单费用信息子表并完成字段配置	0.1	
职业维度	职业素养	能理解任务需求，自主分析问题，搜索资料探究解决方案，能在指导下完成预期任务	0.1	
	团队合作	能进行分工协作，相互讨论与学习	0.1	
加权得分				
评分规则		A	B	C	D
		优秀	良好	合格	不合格
		86~100	71~85	60~70	60以下
考评人				

单元小结

本单元主要介绍了创建单据主表、子表定义，并根据业务需求为字段设置相应引用信息项。学生通过本单元的学习，可以拓展数据建模相关知识概念，掌握根据业务需求设计表定义字段，加强业务设计规范意识，提高业务创新性思维。

　　数据建模中需注意，表定义在设计完成并发布后，删除时需清空表内数据，当存在被单据引用的条件时，无法删除表定义。

单元习题

1. 选择题

（1）下列选项中，数据建模所不能创建的表类型是_____。

　　A. 单据主表

　　B. 单据子表

　　C. 单据从表

　　D. 单据列表

（2）新建字段时，想要使该字段引用基础数据中的相关信息，类型应选择_____。

　　A. UUID 型

　　B. 字符型

　　C. 文本型

　　D. 布尔型

（3）新建一个用于记录金额的字段时，应选择的字段类型为_____。

　　A. 字符型

　　B. 整数型

　　C. 数值型

　　D. 文本型

（4）字符类型中，可以快捷选择时间的字段类型为_____（多选）。

　　A. 字符型

　　B. 日期型

　　C. 日期时间型

　　D. 文本型

（5）整数型字段想要修改字符类型，支持修改的字符类型为_____（多选）。

　　A. 字符型

　　B. 文本型

　　C. 数值型

　　D. UUID 型

2. 填空题

（1）在数据建模中，只需录入一次的信息可以将字段建立在单据____表类型定义中，可能需要录入多条不同信息的字段可以建立在单据____表类型定义中。

（2）如已在枚举中创建了费用类别的枚举字典，想要在字段录入时进行引用，则需要新建字段时，选择_____型字段，关联类型选择_____，关联属性选择_____。

(3)模型定义用于模型定义的维护，包括_____、_____、_____、_____；模型定义的状态包括新建、修改、发布，新增定义的状态为_____，发布成功后，定义状态为_____。对于未发布过的定义修改后，状态为_____；已发布过的定义修改后，状态为_____。

(4)数据建模选择业务类型单据后，下方显示的显示单据类型的分组信息，默认展开一级，显示_____、_____、_____三个固化分组，选中分组后右侧展示的是单据定义使用的单据主表、子表对应的业务表。

(5)低代码平台是通过基础数据设计功能_____向建模，数据建模功能用来查看_____业务的参数，即通过数据建模查看物理表及表中的字段，通过操作列的_____即可查看业务表字段信息。

3. 简答题

(1)请描述你理解的单据主表与单据子表的作用，可举例说明。

(2)请描述你对数据建模表设计一些常用操作项的理解，以及这一功能项的看法。

单元 7　业务表单实践

情境引入

业务表单作为业务与流程的一个主要结合点，需结合具体业务场景进行设计。在"车辆租赁系统"建设过程中，孙同学结合赵同学在畅捷出行集团的需求调研结果，在玖老师的指导下，对畅捷出行车辆租赁单的单据界面进行了设计，并设置了自动化的单据编号生成逻辑，以期满足畅捷出行集团填写车辆租赁单的需求。

学习目标

（1）掌握单据管理的基本概念和设计思路。
（2）能够通过低代码平台绑定数据建模的主表及子表。
（3）能够根据主子表的字段选择合适的控件展示。
（4）培养学生单据设计能力。
（5）培养学生树立良好的业务表单设计规范意识。

任务 7.1　绑定租赁单表定义

任务描述

为实现畅捷出行集团"登记租赁单完整业务信息"的需求，孙同学需要应用单据管理中的表定义功能，将租赁单主表与费用信息、车辆信息两张子表进行关联，并对表中相应字段属性进行配置，从而进行单据表定义配置。

（1）将车辆信息、费用信息两张子表与租赁单主表进行绑定。
（2）车辆信息、费用信息子表设置必填。
（3）租赁单单据编号、单据日期、创建人、总计费用只读，客户及客户经理必填。

技术分析

为了在系统中顺利绑定租赁表单定义，需要学习掌握操作：
（1）通过低代码平台提供的单据管理功能，新建单据定义。
（2）通过单据定义操作栏中的"设计"按钮，在表定义下绑定数据建模中的主表及对应子表。

（3）通过绑定的表定义，对表内字段的只读、必填基本属性进行配置。

（4）通过右上角的"保存"按钮，对单据定义进行保存。

任务实现

1. 添加"单据管理"模块

进入编辑模式，选中租赁单制作模块，单击页面左下角的"添加下级"按钮，新建一个功能模块，在右侧菜单栏的基本设置中对其进行配置，在"绑定应用"处输入"元数据"，在"绑定模块"中选择"元数据管理"，"标题"输入"单据管理"，模块参数下的"元数据类型"选择"单据管理"，如图 7-1 所示。确认后单击"保存"按钮，再单击"发布"按钮，最后单击"退出"按钮退出编辑模式。

图 7-1 单据管理功能模块配置

2. 新建租赁单据定义

进入单据管理功能，单击工具栏中的"新建分组"，创建车辆租赁分组；在分组列表中，单击刚创建的"车辆租赁"，再单击工具栏中的"新建定义"按钮，弹出"新建定义"窗口，输入租赁单标识及名称，模型选择"基类-VA 单据模型"，如图 7-2 所示。单击"确定"按钮即完成新建定义。

定义租赁单和设置基本属性

图 7-2 新建租赁单据定义

单击租赁单定义操作列的"设计"按钮，进入租赁单设计界面，如图 7-3 所示。

	序号	模块	分组	标识	名称	模型	状态	操作		
	1	女娲	车辆租赁	CLZL_ZLD	租赁单	基类-VA单据模...	新建	修改	删除	设计

图 7-3 租赁单据定义

3. 绑定租赁单表定义

在"数据"页签下，单击右上角"选择主表"按钮，弹出主表选择界面，选中数据建模中创建的租赁单主表后单击"保存"按钮，主表信息即可显示在数据页签下，如图7-4所示。

图7-4　选择租赁单主表

单击租赁单主表操作列的"选择子表"按钮，弹出"子表选择"窗口后，在"数据表"页签下勾选"租赁单_车辆信息"子表与"租赁单_费用信息"子表后单击"确定"按钮，子表信息即可显示在对应的主表信息下，设置两张子表为必填，如图7-5所示。

图7-5　选择租赁单主表

4. 设置字段基本属性

单击"数据"页签界面底部的"表定义"页签可对绑定的表定义字段进行管理，如图7-6所示。

图7-6　表定义管理界面

对各表中字段进行如下属性设置：

（1）配置租赁单主表字段：

①必填：客户、客户经理。

②只读：单据编号、单据日期、创建人、总计费用。
（2）配置费用信息子表字段：
必填：费用类别、金额。
（3）配置车辆信息子表字段：
①必填：车辆、车辆分类、起租日期、归还日期。
②只读：车牌号。

相关知识

1. 数据页签

单击单据管理中的单据定义操作列中的"设计"按钮，打开单据定义设计界面，默认包含数据、规则、界面、打印四个页签。

数据页签包含表定义、主表、各子表页签。表定义用来选择单据定义的主子表，设置子表的属性；主表、各子表页签用来选择主子表的字段，设置字段属性。

2. 表定义

（1）默认显示模型中的主子表。标识、名称显示表的标识名称，名称可以修改，数据表页签名称、界面页签、单据提示信息中按照修改后名称显示。

（2）选择主表，可选数据建模中表类型为"单据主表"的所有发布过的表。

（3）选择子表，给所在行的表添加子表，子表可选数据表或关联表。其中数据表用于单据数据录入；关联表用于展示满足条件的查询数据。

①选择关联表，选定后标识默认为表标识1，标识可修改，确定后关联表展示在表定义中，类型为关联表。

②单击属性，设置关联条件，关联条件只支持主表和当前子表，不允许出现其他子表字段（写了其他子表字段后允许保存，程序不控制，条件不生效）。

③所有条件当主表条件不为空时生效。

（4）必填、只读、单行、固定为子表属性，可在表定义对应列上打开开关进行设置，也可在子表属性中编辑公式控制。

①必填：子表必须有数据，否则不允许保存单据。
②只读：子表只读，不允许编辑。
③单行：子表只有一行，不允许增删行。
④固定：子表不允许增删行，多用于引用数据。

（5）单击删行，可将现有的主子表删除，单击选择子表按钮，给对应行的表增加子表。单击右上方的选择主表，可以重新选择主表。

①主表只能选一个，子表可以选多个。
②更换主子表会清空之前主子表相关的所有数据。

任务 7.2 设计租赁单界面

任务描述

为实现畅捷出行集团"租赁单信息录入"的需求,孙同学需要应用单据管理中的界面设计功能,为租赁单主子表的业务字段配置相应录入控件,并对整体界面进行布局调整,从而掌握单据界面设计。

(1)租赁单主表分成基本信息、客户信息、其他信息三部分。
(2)车辆信息与费用信息以页签形式进行切换。
(3)基本信息包括单据编号、单据日期、总计费用、创建人。
(4)客户信息包括客户、证件号、手机号、信用卡号、客户经理、经理手机。
(5)其他信息包括备注。
(6)车辆信息包括车辆分类、车辆、车牌号、起租日期、归还日期。
(7)费用信息包括费用类别、金额。

技术分析

为了在系统中顺利设计租赁单界面,需要掌握如下操作:
(1)通过单据定义设计下的"界面"页签,对租赁单录入界面进行设计。
(2)通过"界面"模板按钮创建一个新的界面模板。
(3)通过左侧菜单栏中的"控件"页签,可将指定的控件拖动到单据界面模板中。
(4)通过右侧控件配置栏为控件绑定对应字段或设置有关属性。

任务实现

1. 新建租赁单界面模板

在租赁单设计界面中,单击"界面"页签,鼠标指针移到右上角的"界面模板"按钮上方,在展开的下拉列表中选择"空",即可创建一个空白单据界面模板,如图 7-7 所示。

图 7-7 新建界面模板

图 7-8 界面控件

2. 新建租赁单界面工具栏

单击左侧菜单栏的"控件"页签,在工具栏控件区,鼠标指针移到常用控件中的"工具栏"控件上方,按住鼠标左键,拖动控件到右侧单据界面的指定位置后松开鼠标,可将对应控件拖入到单据模板中,如图 7-8 所示。

视频
设计租赁单主表区域基本框架

在单据模板中，单击选中"工具栏"控件，在页面右侧的属性区，单击"功能项"页签下的"设置"按钮，如图7-9所示。

图7-9　配置工具栏

弹出功能列表界面，在左侧"源列表"中勾选"新建""修改""暂存""保存""删除""首张""上张""下张""末张""提交""取回""打印"等功能按钮，单击中间的"▶"按钮，将选中的功能按钮加入到"目标列表"中。在"目标列表"中，单击"打印"按钮，通过单击"上移""下移"按钮，可调整目标列表中已选功能按钮的排列顺序，如图7-10所示。完成后单击"确定"按钮保存设置。

图7-10　功能列表配置

3. 添加面板控件

鼠标指针移到布局容器中的"面板"控件上，拖入三个"面板"控件到界面中，并在右侧配置栏标题处分别输入"基本信息""客户信息""其他信息"，如图7-11所示。

图7-11 拖入面板控件并设置标题文字

4. 添加主表区域控件

从常用控件中选中"主表区域"控件，分别拖入到基本信息、客户信息、其他信息三个面板容器下，并在右侧配置栏功能项处单击选择字段右侧的"设置"按钮，进入"选择字段"界面，在"源列表"中勾选所需字段，单击"▷"按钮，将选中字段加入到"目标列表"中。在目标列表中，选中字段，单击上下移动按钮，可调整字段的排列顺序，如图7-12所示。

视频
设计租赁单主表区域控件

图7-12 调整字段排列顺序

按下列要求设置三个主表区域控件的字段信息，并适当调整字段顺序，完成后如图7-13所示。

（1）基本信息：单据编号、单据日期、总计费用、创建人。
（2）客户信息：客户、证件号、手机号、信用卡号、客户经理、经理手机。
（3）其他信息：备注。

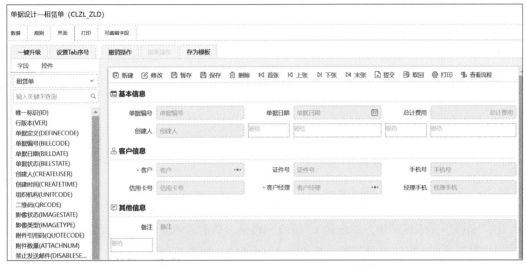

图 7-13　拖入主表区域控件并设置字段信息

为"其他信息"面板下的主表区域控件设置栅格。默认情况下，主表区域的栅格为六列，会自动根据所选的字段数量增加行数。在单据设计页面右侧的已选控件列表区域，单击"其他信息"面板下方的"主表区域"可选中界面中的对应控件；在界面中，在控件上单击，也可选中对应控件，如图 7-14 所示。

图 7-14　在界面中选中指定控件

选中"备注"对应主表控件后，单击右侧配置栏中的"布局项"，再单击网格信息右侧的"高级"按钮，进入"高级属性"界面，在"行信息配置"页签下，单击第一行操作列中的"添加"按钮，增加一行，确认后单击"确定"按钮。如图 7-15 所示。

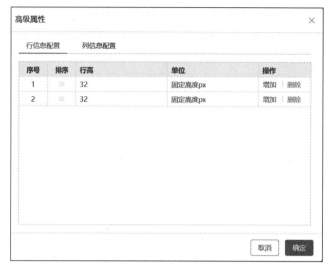

图 7-15 配置行列信息

在"备注"主表区域中,单击第1行第2列栅格,单击右侧配置栏中的"布局项",在"网格布局数据"下方,将"跨列"设为 5,"跨行"设为 2,如图 7-16 所示。

图 7-16 设置网格布局数据

单击右侧配置栏中的"功能项",在"输入类型"选择"文本",备注字段内容会靠左上角位置显示,如图 7-17 所示。

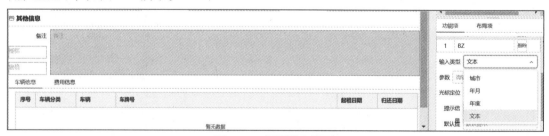

图 7-17 设置输入类型

5. 添加页签容器

将布局容器中的"页签"控件拖入到界面中,单击右侧配置栏"功能项"下方基本信息操作列中的"添加"按钮,可增加一个页签项。将两个页签的标题分别修改为"车辆信息"和"费用信息",如图 7-18 所示。

视频

设计租赁单子表区域基本框架

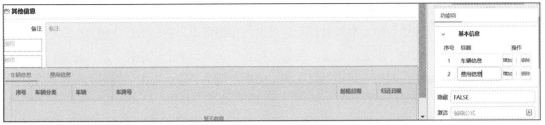

图 7-18　拖入页签控件

6. 添加表格录入控件

将常用控件中的"表格录入"控件拖入到"车辆信息"页签下,如图 7-19 所示。

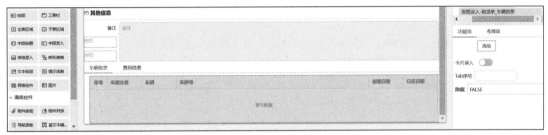

图 7-19　拖入表格录入控件

单击右侧配置栏"功能项"下方的"高级"按钮,弹出高级属性配置界面,在绑定子表右侧选择"租赁单_车辆信息(CLZL_ZLD_CLXX)"子表,单击"列信息配置"页签,单击"选择字段"按钮,在弹出的"选择字段"页面中,勾选"车辆分类""车辆""车牌号""起租日期""归还日期"五个字段,单击"确定"按钮保存并返回。在选中的字段列表中,拖动"排序"列中的图标,可调整字段的上下顺序,如图 7-20 所示。

视频

设计租赁单车辆明细区域控件

图 7-20　表格录入高级属性配置

将常用控件中的"表格录入"控件拖入到"费用信息"页签下，单击右侧配置栏"功能项"下方的"高级"按钮，弹出高级属性配置界面，在绑定子表右侧下拉选择"租赁单_费用信息(CLZL_ZLD_FYXX)"子表，单击"列信息配置"页签，单击"选择字段"按钮，在弹出的"选择字段"页面中，勾选"费用类别"和"金额"两个字段，单击"确定"按钮保存并返回，如图7-21所示。

图7-21　表格录入高级属性配置

7. 单据保存与发布

单据设计完成后，单击右上角的"预览"按钮可浏览单据的页面效果。单击"保存"按钮可保存单据。单击右上角的"×"关闭按钮，会弹出提示"是否保存当前数据？"，可根据需要选择"取消""不保存""保存"按钮，单击"保存"或"不保存"，可退出单据设计界面，进入"单据管理"页面，若单据定义被修改，单据定义状态会显示为"修改"，如图7-22所示。

图7-22　单据管理界面（发布单据）

在单据定义列表中，勾选"车辆租赁"单据，单击工具栏中的"发布"按钮，进入发布界面，确认信息后，单击右下角的"发布"按钮，根据提示完成单据的发布操作，发布成功后，单据定义状态显示为"已发布"。

相关知识

1. 界面模板

在单据设计时，必须添加界面模板后，才能添加控件，界面模板包含空、云报账两个模板。

（1）空：空白模板，初始没有任何控件。

（2）云报账：云报账模板，初始已包含基本信息、查看附件、子表、导航面板。

单击"存为模板"按钮，可将选中界面方案另存为界面模板。另存为界面模板时，若输入的名称已经存在，会弹出提示是否覆盖之前的界面模板。单击右上角的"界面模板"下拉按钮，可显示所有的模板，也可删除不需要的界面模板。

2. 工具栏控件

工具栏控件用于放置单据按钮。将工具栏拖入界面，右下方显示工具栏属性，包含布局项、功能项两个页签。

（1）布局项默认弹性布局，可以设置放大比例、缩小比例、自动大小、对齐方式。

（2）功能项，单击功能列表的设置，弹出按钮选择界面。

3. 面板控件

面板控件常用于放置主表区域控件，包含面板容器头。面板容器头中可以放置其他控件。布局项为默认布局，可选项有默认布局、自动布局、弹性布局。

4. 主表区域控件

主表区域控件用于放置主表字段或子表字段（子表不存在多行记录时可用）。

5. 页签控件

页签控件常用于放置多个子表切换页签显示。可在功能项中增加、删除页签。

6. 表格录入控件

表格录入控件用于设置子表，放在折叠容器下。功能项包含"高级"按钮，单击进入高级属性界面，选择表格绑定的子表，下方包含基本信息、列信息配置两个页签。在列信息配置页签中，可设置需要绑定的字段、调整字段顺序等。

任务 7.3　设置租赁单编号逻辑

任务描述

为实现畅捷出行集团"租赁单编号自动生成"的需求，孙同学需要应用单据编号管理功能,为租赁单设置单据编号生成规则,从而掌握单据编号生成逻辑。

(1)租赁单常量为"CLZL-"。

(2)机构代码为左侧起1长度5。

(3)时间格式yyMMdd。

(4)流水号5位。

(5)在新建单据时自动生成。

技术分析

为了在系统中顺利设置租赁单编号逻辑,需要掌握如下操作:

(1)通过低代码平台的单据编号管理功能,对租赁单编号规则进行配置。

(2)通过常量一栏配置单据常量。

(3)通过机构代码一栏设置组织机构代码显示长度。

(4)通过时间格式一栏配置显示日期规则。

(5)通过流水号一栏设置流水号长度。

(6)通过生成时机一栏控制单据编号生成的时机。

任务实现

1. 添加"单据编号管理"模块

进入编辑模式,选中租赁单制作菜单中的"单据管理"模块,单击页面左下角的"添加同级"按钮,新建一个功能模块,在右侧菜单栏的"基本设置"中对其进行配置,在绑定应用处输入"单据"并选中;绑定模块下拉选择"单据编号管理";标题输入"单据编号管理",如图7-23所示;确认后单击"保存"按钮,再单击"发布"按钮,最后单击"退出"按钮退出编辑模式。

图7-23 单据编号管理功能模块配置

2. 配置租赁单编号

进入单据编号管理功能,在左侧列表中单击"车辆租赁"分组下的"租赁单"。在页面右侧的单据编号管理区，单击左上角的"编辑"按钮，对租赁单编号进行配置，常量设置为"CLZL-"，机构代码左侧起1，长度5，时间格式选择 yyMMdd，流水号5，生成时机选择"新建时"，如图 7-24 所示。确认后单击"保存"按钮完成租赁单编号配置。

图 7-24 租赁单编号配置界面

视 频

配置租赁单编号规则

相关知识

单据定义必须设置单据编号规则，单据根据生成时机按照设置的规则生成编号。打开单据编号管理功能，显示单据管理中已发布过的单据定义。

（1）常量：必填，全局唯一，最大长度为20。

（2）机构代码：根据左侧起、长度、补位码，取单据的 unitcode 字段值；左侧起默认为1，按录入的数字从 unitcode 字段的左起第几位开始截取；长度默认为60，表示截取内容的长度；补位码：默认空，可录入1位任意字符，unitcode 字段长度不够时，右侧按录入字符补位，为空时不补位。

（3）自定义维度：为可填项，可在自定义维度值中编写所提供的公式实现单据编号根据固定维值+自定义维值生成流水返回单据，例如自定义维度公式可能是取单据字段值，要保证生成时机时字段有值，否则会产生新的唯一维度值进行重新流水。

（4）时间格式：默认为 yyMM，可选 yy、yyMM、yyMMdd，取值来源是单据的 billdate 字段，yy 表示取年，yyMM 表示取年月，yyMMdd 表示取年月日。

（5）自定义日期：为可填项，使用单据定义公式编辑器，自定义日期由实施写公式，添加自定义日期字段，如果自定义日期存在，则用自定义日期生成单据编号，否则用时间格式。

（6）流水号：默认6，可调整，必须大于1，流水号根据机构代码+时间格式增加。

（7）生成时机：默认"保存时"，可选"新建时""保存时"。

单元考评表

业务表单实践考评表

被考评人		考评单元	单元7 业务表单实践	
考评维度		考评标准	权重（1）	得分（0~100）
内容维度	单据管理	掌握单据管理的基本概念与设计思路	0.05	
	字段基本属性设置	掌握主、子表的作用与字段设置的操作方法	0.05	
	控件设置	掌握常用控件的作用与使用方法	0.05	
	单据编号管理模块	掌握单据编号的作用与自动生成逻辑	0.05	
任务维度	完成租赁单据的定义和字段设置	完成单据管理模块的添加、单据定义、绑定主表（子表）及字段设置	0.1	
	完成租赁单据的界面设计	完成租赁单界面模板的新建、设计和发布	0.4	
	完成租赁单编号的配置	完成单据编号管理模块的添加和配置	0.1	
职业维度	职业素养	能理解任务需求，自主分析问题，搜索资料探究解决方案，能在指导下完成预期任务	0.1	
	团队合作	能进行分工协作，相互讨论与学习	0.1	
加权得分				
评分规则		A	B	C	D
		优秀	良好	合格	不合格
		86~100	71~85	60~70	60以下
考评人				

单元小结

本单元主要介绍了业务表单的创建、录入界面设计、单据编号管理等知识。学生通过本单元的学习，可以拓展单据设计相关知识概念，掌握根据业务需求设计单据录入界面的布局能力，加强业务设计规范意识，提高业务创新性思维。

单据表定义绑定时需注意，一张单据只能选择一张数据建模的主表，子表可以绑定多张，也可以不绑定，根据需求绑定即可。设计单据界面时，可以通过容器控件调整界面布局。

单元习题

1. 选择题

（1）在编辑模式中新建单据管理功能时，应在绑定元数据管理功能后，在模块参数元数据类型一栏选择_____。

  A. 单据管理

  B. 单据列表管理

  C. 工作流管理

  D. 元数据管理

（2）单据定义不支持以下_____形式的表单定义绑定。

  A. 一主表无子表

  B. 一主表一子表

  C. 一主表多子表

  D. 多主表一子表

（3）勾选了字段的_____属性之后，在填写字段时无法对字段进行录入。

  A. 必填

  B. 只读

  C. 单行

  D. 固定

（4）下列属于布局容器的是_____（多选）。

  A. 面板

  B. 表格录入

  C. 页签

  D. 主表区域

（5）下列属于常用控件的是_____（多选）。

  A. 工具栏

  B. 主表区域

  C. 面板

  D. 表格录入

2. 填空题

（1）在单据设计的数据页签下绑定单据表定义时，需要先绑定一张单据____表后，才能绑定单据____表。

（2）勾选字段的_____属性后，在未录入该字段时无法保存单据；勾选字段的

_____属性后，无法手动录入该字段信息，只能通过公式来进行计算控制。

（3）单据管理设计界面中默认包含_____、_____、_____、_____四个页签。

（4）数据页签下方包含_____、_____、_____页签。

（5）生成时机共有_____与_____两种进行选择。

3. 简答题

（1）请分别描述工具栏、表格录入、主表区域的作用（可举例说明）。

（2）请描述你对业务表单设计一些常用操作项的理解，以及对这一功能项的看法。

单元 8 公式应用实践

情境引入

在"车辆租赁系统"建设过程中,孙同学已经完成了对租赁单的录入界面设计,并进行了发布。为提高租赁单填写人员的工作效率,孙同学结合赵同学在畅捷出行集团的需求调研结果,请玖老师对业务逻辑公式的使用进行了指导,以期在交付系统时可以实现客户及客户经理信息的快速带入、金额的自动计算等相关逻辑规则。

学习目标

(1)掌握业务逻辑公式的相关概念。
(2)能够通过低代码平台内置的公式编辑器实现一些基础的业务逻辑。
(3)能够根据业务的相关需求分析出所需设计的业务逻辑。
(4)培养学生公式逻辑编写的能力。
(5)培养学生树立良好的公式应用设计规范意识。

任务 8.1　配置租赁单计算值公式

任务描述

为实现畅捷出行集团"租赁单相关信息引用与费用自动计算"的需求,孙同学需要应用单据管理规则配置功能,使租赁单中证件号、手机号等信息可根据所选客户、客户经理自动带出,并根据字表中的金额自动计算总计金额,学会单据计算值逻辑规则编写。
(1)客户手机号、信用卡号、证件号根据所选客户自动带出。
(2)客户经理手机号根据所选客户经理自动带出。
(3)车牌号根据所选车辆自动带出。
(4)费用总计根据费用子表中的金额自动计算。

技术分析

为了在系统中顺利配置租赁单计算值公式,需要掌握如下操作:
(1)通过低代码平台的公式编辑器功能,对租赁单计算值公式进行配置。

（2）通过基础数据引用公式，获取基础数据某字段的值。

（3）通过合计公式，自动计算费用信息子表中金额的总和。

任务实现

1. 设置客户信息带出客户手机号逻辑

如图 8-1 所示，进入租赁单设计界面，切换至租赁单主表页签，找到手机号字段所在行，单击操作列的"属性"按钮，弹出字段属性配置窗口。

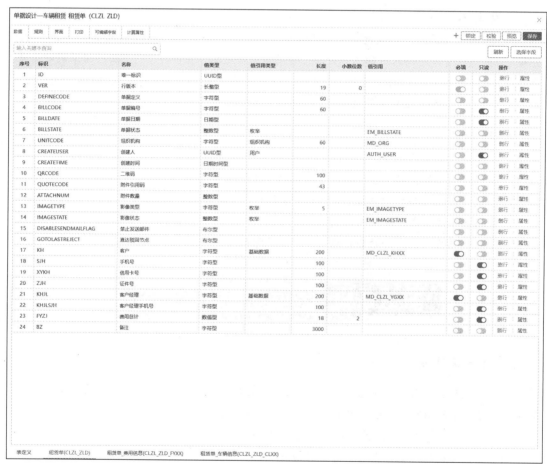

图 8-1　表定义字段设置

在该界面下可对表内字段进行属性设置，根据所选客户自动带出基础数据中其他信息属于计算值类逻辑需求，单击计算值窗口右侧的按钮进入低代码平台自带的公式编辑器界面，如图 8-2 所示。

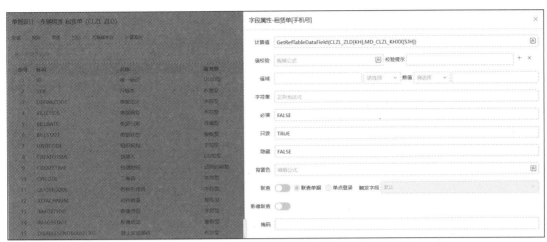

图 8-2 字段属性设置

左下角函数窗口提供了低代码平台所支持的相应公式,单击可查看函数介绍及相应的使用方法,如配置错误,则在右下角错误提示处出现红色文字进行提示,找到"获取引用基础数据某字段的值"公式,单击其后方的"添加"按钮将其添加入公式编辑窗口,如图 8-3 所示。

图 8-3 公式编辑器公式选择

"获取引用基础数据某字段的值"的公式为 GetRefTableDataField(value, mdValue[, dimension,...])，该公式中的 value 与 mdValue[,dimension,...] 需要根据所创建的字段进行替换。

客户字段在创建时关联了基础数据"客户信息"，在填写单据时，可以根据所选择的客户自动带出"客户信息"基础数据中对应的手机号信息，因此 value 字符串所对应的字符串为客户字段，选中客户字段，单击后方"添加"按钮，即可将客户信息的字段代码替换入 value 位置，如图 8-4 所示。

视频
介绍获取引用基础数据字段值公式

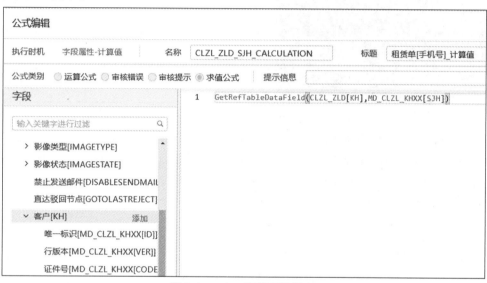

图 8-4　value 字符串替换 1

所需引用的手机号来源于基础数据中对应的客户手机号，因此在替换字段时不能将 mdValue[,dimension,...] 替换为主表中的手机号字段，而应该选择客户字段下的手机号，当字段具有关联属性时，字段的左侧会拥有">"的标识，单击可下拉展开所关联的基础数据字段，在其中找到对应拥有 MD 前缀的手机号字段，单击后方"添加"按钮，替换 mdValue[,dimension,...] 字符串在公式中的位置，配置完成后，单击"确定"按钮保存公式设置，如图 8-5 所示。

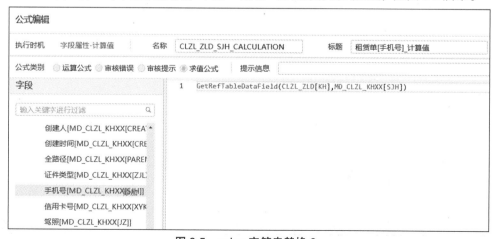

图 8-5　value 字符串替换 2

2. 设置客户信息带出信用卡号逻辑

在租赁单主表页签中找到手机号字段所在行，单击操作列的"属性"按钮，弹出字段属性配置窗口，单击计算值窗口右侧的囧按钮进入低代码平台自带的公式编辑器界面，找到"获取引用基础数据某字段的值"公式，单击其后方的添加按钮将其添加入公式编辑窗口。对 GetRefTableDataField(value, mdValue[, dimension,...]) 公式中的 value 与 mdValue[,dimension,...] 字符进行替换。

与上述根据所选客户自动带出"客户信息"基础数据中对应信息同理，将客户字段换入 value 位置，将客户字段下的 MD 前缀信用卡号字段替换到公式中的 mdValue[,dimension,...] 位置，单击"保存"即可完成配置。

3. 设置客户信息带出证件号逻辑

在租赁单主表页签中找到证件号字段所在行，单击操作列的"属性"按钮，弹出字段属性配置窗口，单击计算值窗口右侧的囧按钮进入低代码平台自带的公式编辑器界面，找到"获取引用基础数据某字段的值"公式，单击其后方的添加按钮将其添加入公式编辑窗口。对 GetRefTableDataField(value, mdValue[, dimension,...]) 公式中的 value 与 mdValue[,dimension,...] 字符进行替换。

与上述根据所选客户自动带出"客户信息"基础数据中对应信息同理，将客户字段换入 value 位置，将客户字段下的 MD 前缀证件号字段替换到公式中的 mdValue[,dimension,...] 位置，单击"保存"即可完成配置。

视频

设置客户手机号、信用卡号、证件号的公式引用

4. 设置客户经理信息带出经理手机号逻辑

在租赁单主表页签中找到经理手机字段所在行，单击操作列的"属性"按钮，弹出字段属性配置窗口，单击计算值窗口右侧的囧按钮进入低代码平台自带的公式编辑器界面，找到"获取引用基础数据某字段的值"公式，单击其后方的添加按钮将其添加入公式编辑窗口。对 GetRefTableDataField(value, mdValue[, dimension,...]) 公式中的 value 与 mdValue[,dimension,...] 字符进行替换。

与上述根据所选客户自动带出"客户信息"基础数据中对应信息同理，将客户经理字段换入 value 位置，将客户经理字段下的 MD 前缀手机号字段替换到公式中的 mdValue[,dimension,...] 位置，单击"保存"即可完成配置。

视频

设置客户经理手机号、车牌号的公式引用

5. 设置车辆带出车牌号逻辑

在车辆信息子表页签中找到车牌号所在行，单击操作列的"属性"按钮，弹出字段属性配置窗口，单击计算值窗口右侧的囧按钮进入低代码平台自带的公式编辑器界面，找到"获取引用基础数据某字段的值"公式，单击其后方的添加按钮将其添加入公式编辑窗口。对 GetRefTableDataField(value, mdValue[, dimension,...]) 公式中的 value 与 mdValue[,dimension,...] 字符进行替换。

与上述根据所选客户自动带出"客户信息"基础数据中对应信息同理，将车辆字段换入 value 位置，将车辆字段下的 MD 前缀车牌号字段替换到公式中的 mdValue[,dimension,...] 位置，

单击"保存"即可完成配置。

6. 设置自动计算费用逻辑

在租赁单主表页签中找到费用总计字段所在行,单击操作列的"属性"按钮,弹出字段属性配置窗口,单击计算值窗口右侧的图按钮进入低代码平台自带的公式编辑器界面,自动计算费用信息子表中的金额合计需要使用到 SUM 公式,原理与 Excel 中的 SUM 公式相同,设置该公式后,可自动将费用信息子表中所有金额进行求和计算。

在字段窗口中的费用信息子表下找到需要进行合计的金额字段,单击金额字段后方的"添加"按钮,将其代入公式编辑窗口,如图 8-6 所示。

视频

介绍合计公式并完成自动计算费用

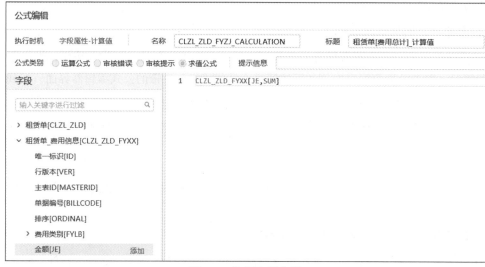

图 8-6 选择金额字段

在输入法保持英文的状态下,在"[]"中的 JE 后面输入",SUM",如图 8-7 所示。单击"保存"按钮即可完成配置。

图 8-7 合计公式

相关知识

1. 获取基础数据某字段的值

函数：GetRefTableDataField(anytype value, anytype mdValue)

使用示例说明：

（1）场景：获取部门 DEPTCODE 字段关联的部门基础数据表 MD_DEPARTMENT 的部门经理 LEADER 字段。

（2）公式：GetRefTableDataField(FO_EXPENSEBILL[DEPTCODE],MD_DEPARTMENT[LEADER]

（3）返回：Z0101

2. 按条件求和

函数：table[field,count|sum,condition]

使用示例说明：

（1）场景：获取报销明细子表中职员 Z0101 的金额合计。

（2）公式：FO_EXPENSEBILL_ITEM[billmoney,sum,"[STAFFCODE]='Z0101'"]

（3）返回：1000.00

任务 8.2　配置租赁单值校验公式

任务描述

为实现畅捷出行集团"租赁单日期有效性校验"的需求，孙同学需要应用单据管理规则配置功能，使租赁单在保存时自动验证日期是否有效，学会编写单据值校验逻辑规则。

（1）车辆起租日期须早于归还日期。

（2）在归还日期早于起租日期时弹出提示"车辆归还日期不得早于起租日期"。

技术分析

为了在系统中顺利配置租赁单校验公式，需要掌握如下操作：

（1）通过低代码平台的公式编辑器功能，对租赁单日期间的逻辑关系进行校验。

（2）通过">""=""<"进行日期型、日期时间型字段的关系校验。

任务实现

下面设置起租日期与还车日期校验关系。

在车辆信息子表页签中找到起租日期及还车日期字段，任选其一选中所在行，单击操作列的"属性"按钮，弹出字段属性配置窗口，单击值校验窗口后方的☒按钮进入低代码平台自带的公式编辑器界面。

视频

介绍值校验公式并完成起租日期与还车日期的比较

从字段窗口中找到车辆信息子表下的起租日期与归还日期字段，分别单击各自后方的"添加"按钮，将其添加入公式编辑栏，用">"或"<"来使两者之间关系为归还日期大于起租日期，提示信息位置可设置"车辆归还日期不得早于起租日期"的提示消息，配置完成后，单击"确定"按钮保存公式设置。

相关知识

1. 规则页签

除了在数据表定义中直接对字段属性进行公式维护外，还可以在规则页签下对公式进行维护。单击规则页签，选中左侧的规则时机，在右侧可进行公式的新建与维护，单击公式内容进入公式编辑器，操作方式与字段内对计算值、值校验等窗口进行编辑的方式一致，可选择运算公式、审核错误、审核提示、过滤公式、求值公式五种类型，进行不同公式逻辑的编写，如图 8-8 所示。

图 8-8 规则

2. 规则

规则页签显示所有的规则，支持全局搜索。左侧显示所有规则，包括动作规则、字段规则、事件规则、事件时机公式、反写规则、控件规则、子表规则及其他。

（1）动作规则：单据定义添加执行公式时使用，公式时机默认包含保存前、删除前。单击动作规则右侧的"+"，弹出公式时机选择界面，可以增加或删除公式时机。

（2）字段规则：显示在字段属性上设置的自定义公式，包含计算值、值校验、字符集、只读、必填、隐藏、掩码、引用数据过滤节点（只有引用数据包含），各节点显示的公式对应字段属性中各属性的公式。

（3）事件规则：字段变化或子表增删行触发公式执行时使用，支持根据字段变化进行子表插行、清除子表等操作。

（4）事件时机公式：用于配置共享审核前后触发公式执行时使用。

（5）反写规则：通过反写公式，支持根据当前单据的字段反写源单上的字段，可实现覆盖反写或累加反写。

（6）控件规则：显示在控件上设置的自定义公式，包含隐藏、可用两个节点。

（7）子表规则：显示在子表属性上设置的自定义公式，包含必填、只读、单行、固定、增行、删行节点。

单元 8 公式应用实践

任务 8.3 配置租赁单引用数据过滤公式

任务描述

为实现畅捷出行集团"租赁单根据车辆分类过滤车辆"的需求,孙同学需要应用单据管理规则配置功能,使填写租赁单车辆信息时,根据所选择的车辆分类筛选符合条件的车辆,学会编写单据引用数据过滤规则。

(1)根据选择的车辆分类筛选出分类下符合条件的车辆。
(2)未选择车辆分类时,无车辆可供选择。

技术分析

为了在系统中顺利配置单据引用数据过滤公式,需要掌握如下操作:
(1)通过低代码平台的公式编辑器功能,对车辆信息进行筛选。
(2)通过表定义字段与基础数据字段内信息的对应关系进行筛选。

任务实现

在车辆信息子表页签中找到车辆字段,单击操作列的"属性"按钮,弹出字段属性配置窗口,如图 8-9 所示。

图 8-9 车辆字段属性

143

车辆字段关联"车辆信息"基础数据,在字段属性维护时会拥有过滤条件一栏进行配置,单击过滤条件窗口后方的圆按钮进入低代码平台自带的公式编辑器界面。

视 频
介绍过滤公式并完成车辆的筛选,最终发布

车辆需要根据车辆分类进行筛选,故而需要为表定义字段中的"车辆分类"与车辆信息基础数据下的"车辆分类"设置等于关系,在字段栏的车辆信息子表中找到"车辆"字段,单击左侧的">"展开车辆字段所关联的基础数据字段属性,在其中找到MD前缀的车辆分类字段,单击添加将其加入公式编辑窗口,如图8-10所示。

图 8-10　添加基础数据车辆分类字段

在车辆信息子表中找到车辆分类字段,单击后方"添加"按钮,将字段添加到基础数据车辆分类字段的后方,并以"="进行连接,如图8-11所示。

图 8-11　添加车辆信息子表车辆分类字段

所设置的字段属性在车辆字段内,其具备基础数据中的字段属性,无须再以 MD 前缀定义车辆分类字段的出处,故删除"="左侧基础数据字段添加的车辆分类前缀 MD_CLZL_CL,仅保留基础数据中的车辆分类代码 [CLFL],配置完成后,单击"确定"按钮保存公式设置。

相关知识

按基础数据项过滤函数:[CODE]= GetRefTableDataField(FO_APPLOANBILL[DEPTCODE], MD_DEPARTMENT[PROJECT])

使用示例说明:

(1)场景:报销单中 A 字段的基础数据项按部门过滤。

(2)公式:[CODE] == GetRefTableDataField(FO_APPLOANBILL[DEPTCODE], MD_DEPARTMENT[PROJECT])

单元考评表

公式应用实践考评表

被考评人		考评单元	单元8 公式应用实践	
考评维度		考评标准	权重(1)	得分(0~100)
内容维度	单据计算值公式	掌握计算值公式的作用与使用方法	0.1	
	单据值校验公式	掌握值校验公式的作用与使用方法	0.05	
	单据信息过滤公式	掌握过滤公式的作用与使用方法	0.05	
任务维度	编写计算值公式	配置计算值公式,快速填入关联基础信息,合计金额	0.3	
	编写值校验公式	配置值校验公式,验证日期等相关信息是否合乎常理	0.1	
	编写信息过滤公式	配置信息过滤公式,根据所选类型自动筛选符合条件的车辆信息	0.2	
职业维度	职业素养	能理解任务需求,并在指导下实现预期任务,能自主搜索资料和分析问题	0.1	
	团队合作	能进行分工协作,相互讨论与学习	0.1	
加权得分				

续表

评分规则	A	B	C	D
	优秀	良好	合格	不合格
	86~100	71~85	60~70	60以下
考评人				

单元小结

本单元主要介绍了为业务字段设置相应逻辑规则，使制单人员在填写单据时可以更加高效地完成录入，更加智能化地校验单据中可能存在的录入错误。学生通过本单元的学习，可以拓展业务逻辑规则设计相关知识概念，掌握根据业务需求设计信息字段间逻辑规则的能力，加强业务设计规范意识，提高业务创新性思维。

在公式编写中需注意使用英文的","进行字符串之间的分隔，如在中文状态下写入，系统无法识别字符串之间的分隔关系。

单元习题

1. 选择题

（1）根据选择关联了基础数据属性的某字段自动带出其他基础数据项信息的公式规则应编写在_____窗口。

  A. 值计算

  B. 值校验

  C. 值域

  D. 过滤条件

（2）校验两个日期之间的早晚关系，应当将公式编写在_____窗口。

  A. 值计算

  B. 值校验

  C. 值域

  D. 过滤条件

（3）想要在主表费用总计中自动计算子表的全部金额（代码：CLZL_ZLD_FYXX[JE]），正确的公式编写格式为_____。

  A.(CLZL_ZLD_FYXX[JE],SUM)

  B.SUM(CLZL_ZLD_FYXX[JE])

  C.CLZL_ZLD_FYXX[JE,SUM]

D.CLZL_ZLD_FYXX[JE],SUM

（4）校验提示信息在_____公式类别下可以填写（多选）。

  A. 运算公式

  B. 审核错误

  C. 审核提示

  D. 求值公式

（5）编辑业务逻辑公式，可以在单据定义设计界面的_____页签下进行维护（多选）。

  A. 数据

  B. 规则

  C. 界面

  D. 打印

2. 填空题

（1）在规则页签下设置公式规则时，可选择_____、_____、_____、_____、_____五种类型。

（2）规则页签显示所有的规则，支持全局搜索。左侧显示所有规则，包括_____、_____、_____、_____、_____、_____及其他。

（3）单据定义添加执行公式时使用，公式时机默认包含_____、_____。单击动作规则右侧的"+"，弹出公式时机选择界面，可以增加或删除公式时机。

（4）控件规则显示在控件上设置的自定义公式，包含_____、_____两个节点。

（5）子表规则显示在子表属性上设置的自定义公式，包含_____、_____、_____、_____、_____节点。

3. 简答题

（1）已知车辆信息子表中拥有价值字段（代码：CLZL_ZLD_CLXX[JZ]），若想要在选择车辆（代码：CLZL_ZLD_CLXX[CL]）时，自动带出车辆基础数据中的价值信息（代码：MD_CLZL_CL[JZ]），公式应如何书写？

（2）请简述对于运用公式编辑器编写逻辑公式的心得体会。

单元 9　打印设置实践

情境引入

在"车辆租赁系统"建设过程中,孙同学完成了租赁单的界面设计、逻辑规则以及公式编写。考虑到畅捷出行集团需要对租赁单的不同信息进行打印,孙同学在玖老师的指导下,通过低代码平台单据管理的打印功能设计了三套打印模板,以配合畅捷出行集团打印不同租赁单信息的需求。

学习目标

（1）掌握单据模板设计的相关知识。
（2）能够通过低代码平台内置的打印模板配置功能设计单据打印样式。
（3）能够根据业务的相关需求分析设计出对应的打印方案。
（4）培养学生打印模板界面设计能力。
（5）培养学生树立良好的打印设置设计规范意识。

任务 9.1　设计租赁单主要信息打印模板

任务描述

为实现畅捷出行集团"租赁单信息打印"的需求,孙同学需要应用单据管理打印模板配置功能,将租赁单信息配置到打印模板中,学会单据打印模板设计。
（1）将租赁单主表信息配置到打印模板中。
（2）配置租赁单主表打印方案。

技术分析

为了在系统中顺利设计主要信息打印模板,需要掌握如下操作:
（1）通过低代码平台的打印模板设计功能,设计打印模板。
（2）通过快速生成打印模板功能,快速生成打印模板。
（3）通过拖动式调整控件,对打印模板界面方案进行设计。

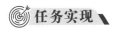

任务实现

1. 生成快速打印模板

在租赁单单据设计界面的打印页签下,选中右上角"打印方案"按钮,单击"新建方案"按钮,填写标识及名称,完成租赁单方案的新建,如图 9-1 所示。

图 9-1　新建打印方案

在所创建的租赁单打印方案下,单击"快速生成模板"按钮,快速根据界面中的控件及字段布局,自动生成对应的打印模板。

2. 调整租赁单模板

在右上角菜单栏中选中打印页状态下,单击布局数据中的行信息按钮,进入行信息配置界面,如图 9-2 所示。

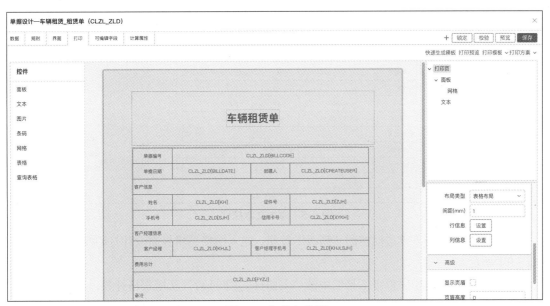

图 9-2　行信息设置

单击"删除"按钮,将第 3 ~ 5 行信息删除,仅保留第 1、2 行信息,并将尺寸分别设置为 1 与 7,单击"保存"后退出行信息编辑,如图 9-3 和图 9-4 所示。

图 9-3 租赁单快速打印模板行信息设置　　　图 9-4 租赁单行信息设置

选中右上角菜单栏中第一个面板控件状态下，按【Del】键删除该行控件。

从左侧控件栏中拖入文本控件之前面板控件位置，在表达式窗口录入"车辆租赁单"，字符左右用英文的引号进行连接；在"字体设置"中找到"字体大小"并调整为28，勾选"加粗"；继续在"基本信息"中找到"水平对齐"并调整为水平居中，"垂直对齐"调整为"垂直居中"，如图9-5所示。

视 频

调整租赁单模板—设置打印模板标题

图 9-5 添加文本控件

选中网格，单击下方边框栏的"高级"按钮，进入网格编辑界面设计打印模板网格内容，如图9-6所示。

在表格高级属性中，单击工具栏中的"上插行""下插行"新增表格行数，单击"合并单元格"调整表格布局，选中左侧表单字段拖入表格，如图9-7所示。完成后单击"确定"按钮，保存并退出表格高级属性设置。

单元 9　打印设置实践

图 9-6　编辑网格控件

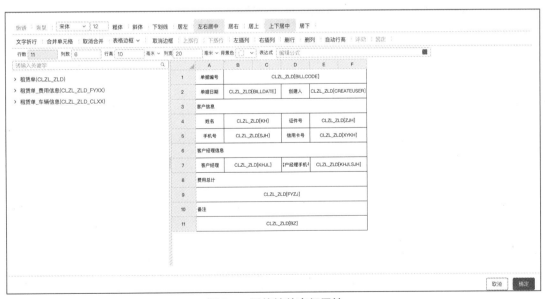

图 9-7　网格控件高级属性

调整租赁单模板—设置打印网格信息

修改面板的布局尺寸与打印预览效果

之后再次选中"面板",找到"布局数据"的"行信息",单击"设置"按钮,在弹出窗口中找到"尺寸(mm)"将数值改为 120(具体数值根据"网格""高级"中设置的具体行数 ×10+10 决定,+10 是为了再增加 10 mm 的高度)。

相关知识

1. 单据打印

用于单据信息的打印，可创建多套打印方案，在单击"打印"按钮时，通过选择不同的打印方案，打印出不同的单据界面。

2. 打印方案

默认没有方案，没有打印方案时不允许设计打印界面。单击打印方案时弹出打印方案列表，光标悬浮于列表项时列表项后面展示"编辑"和"删除"按钮；光标离开列表项则"编辑"和"删除"按钮消失。打印方案列表最下方是添加按钮"新增方案"。

3. 打印方案设置

界面页签下使用工具栏控件中的"打印"按钮可设置参数，选择打印方案：

（1）单据仅有一个打印方案，不管按钮是否配置了打印方案标识，都直接按照唯一的方案进行打印。

（2）有多个打印方案，未在打印按钮中配置打印方案标识，单击打印弹出打印方案选择界面，选中打印方案后单击"确定"按照所选打印方案执行打印。

（3）有多个打印方案，在打印按钮中配置了打印方案标识，单击"打印"按钮直接按照配置的打印方案标识进行打印，不再弹出方案选择界面。

任务 9.2　设计租赁单明细信息打印模板

任务描述

为实现畅捷出行集团"租赁单信息打印"的需求，孙同学需要应用单据管理打印模板配置功能，将租赁单信息配置到打印模板中，学会单据打印模板设计。

（1）将租赁单主表部分信息及子表详细信息配置到打印模板中。

（2）分别配置费用明细、车辆明细两种打印方案。

技术分析

为了在系统中顺利设计明细信息打印模板，需要掌握如下操作：

（1）通过低代码平台的打印模板设计功能，设计打印模板。

（2）通过快速生成打印模板功能，快速生成打印模板。

（3）通过拖动式调整控件，对打印模板界面方案进行设计。

任务实现

1. 新建车辆明细信息打印模板

在租赁单单据设计界面的"打印"页签下，选中右上角"打印方案"按钮，单击"新建方案"按钮,填写标识及名称,完成租赁单车辆明细方案的新建,单击"快速生成模板"按钮,根据界面控件布局快速产生打印模板,在右上角菜单栏中选中打印页状态下,单击布局数据中的"行信息"按钮,如图 9-8 所示。

快速生成车辆明细的打印模板并设置打印模板标题

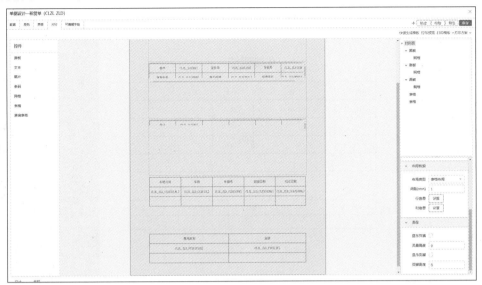

图 9-8 行信息设置

弹出行信息设置后,保存第 1、2 行的面板控件以及默认生成的车辆信息表格,删除第 3、5 行面板控件及费用信息表格,尺寸占比分别为 1、3、5,选中第 1 行面板控件,按【Del】键删除第 1 行控件,从左侧控件栏拖入文本控件,并在表达式窗口输入"车辆明细",选中第 2 行面板下的网格控件,单击"高级"按钮进入编辑窗口,通过"上插行""下插行"新增网格行数,单击"合并单元格"按钮调整网格占位,从左侧租赁单中拖入租赁单中部分信息字段,如图 9-9 所示,完成后单击"确定"保存。

设置车辆明细的打印网格信息

图 9-9 明细主表高级属性设置

单击"打印预览"按钮,可查看配置好的打印模板效果,如图 9-10 所示。如控件间距过大,可通过设置行信息的占比来调整间距。

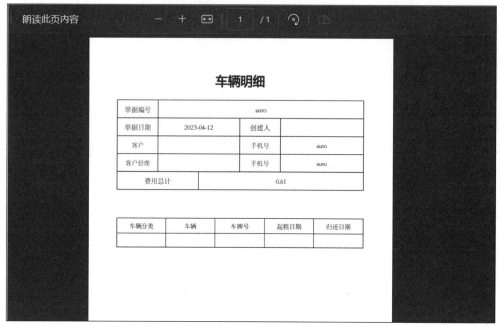

图 9-10 车辆明细打印预览

2. 新建费用明细信息打印模板

在租赁单单据设计界面的"打印"页签下,选中右上角"打印方案"按钮,单击"新建方案"按钮,填写标识及名称,完成租赁单费用明细方案的新建,单击"快速生成模板"按钮,根据界面控件布局快速产生打印模板,在右上角菜单栏中选中打印页状态下,单击布局数据中的"行信息"按钮,如图 9-11 所示。

视频

快速生成费用明细的打印模板并设置打印模板标题

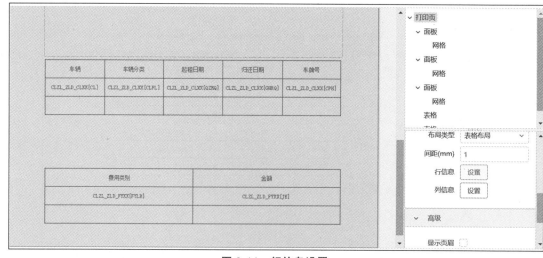

图 9-11 行信息设置

弹出行信息设置后，保存第 1、2 行的面板控件以及默认生成的费用信息表格，删除第 3、4 行面板控件及车辆信息表格，尺寸占比分别为 1、3、5，选中第 1 行面板控件，按【Del】键删除第一行控件，从左侧控件栏拖入文本控件，并在表达式窗口输入"费用明细"，选中第 2 行面板下的网格控件，单击"高级"按钮进入编辑窗口，通过"上插行""下插行"新增网格行数，单击"合并单元格"按钮调整网格占位，从左侧租赁单中拖入租赁单中部分信息字段，如图 9-12 所示。完成后单击"确定"保存。

设置费用明细的打印网格信息

图 9-12 明细主表高级属性设置

单击"打印预览"按钮，可查看配置好的打印模板效果，如图 9-13 所示。如控件间距过大，可通过设置行信息的占比来调整间距。

图 9-13 费用明细打印预览

观看打印预览效果，最终发布

3. 新建单据执行

单击"校验"按钮，未出现报错提示后，单击"保存"按钮，退出单据设计窗口后，如图 9-14 所示，在单据管理的工具栏中找到"发布"按钮，单击进行发布。

图 9-14 单据定义发布

视 频

配置租赁单执行

进入编辑模式，在车辆租赁模块下新建一个功能模块，标题名为"租赁单管理"（注意只设置标题即可），之后在"租赁单管理"下单击"添加下级"，新建一个功能模块，在右侧菜单栏中对其进行配置，绑定应用一栏选择"单据"，绑定模块一栏选择"单据执行"，标题重命名为"租赁单录入"，模块参数下的单据定义选择完成发布的"车辆租赁 _ 租赁单"，如图 9-15 所示。单击"保存"按钮并进行"发布"，退出编辑模式。

图 9-15 单据执行功能模块配置

相关知识

1. 打印控件

打印控件包含面板、文本、条码、网格、表格、查询表格，可拖动左侧控件到打印页，在右侧大纲选择节点，通过右键快捷菜单可编辑节点名称。默认是组件的名称，可以自定义。

（1）面板：用于添加文本、条码、网格等控件。包含基本信息、布局数据、表格布局数据。

（2）文本：界面中的标签、字段录入会转换成打印模板中的文本控件。包含基本信息、字体设置、表格布局数据。

（3）网格：用于主子表打印。

（4）表格：用于单据子表的打印。表格控件不能嵌套在其他控件中，并且打印页布局数据中，表格所在的行"行信息"需设置为自动。

2. 打印预览

在打印设计界面单击"打印"预览,可预览打印界面。

3. 快速生成模板

根据单据设计界面的配置,通过单击"快速生成模板",自动生成打印界面的配置。

单元考评表

打印设置实践考评表

被考评人		考评单元		单元9 打印设置实践
考评维度		考评标准	权重(1)	得分(0~100)
内容维度	主要信息打印模板	掌握主要组件的作用与使用方法	0.1	
	明细信息打印模板	掌握主要组件的作用与使用方法	0.1	
任务维度	设计主信息打印模板	设计租赁单主要信息打印模板	0.3	
	设计明细打印模板	设计车辆及费用信息明细打印模板	0.3	
职业维度	职业素养	能理解任务需求,并在指导下实现预期任务,能自主搜索资料和分析问题	0.1	
	团队合作	能进行分工协作,相互讨论与学习	0.1	
加权得分				
评分规则		A	B	C	D
		优秀	良好	合格	不合格
		86~100	71~85	60~70	60以下
考评人				

单元小结

本单元主要介绍了为根据业务需求字段设计不同打印模板,使畅捷出行集团工作人员可以根据业务需求打印不同的纸质文件,高效地处理单据打印需求。学生通过本单元的学习,可以拓展业务单据打印模板设计相关知识概念,掌握根据业务需求设计打印模板的能力,加强打印模板设计规范意识,提高业务创新性思维。

在使用文本控件时需注意,在表达式录入框除了需要展示的文本信息外,两边还需使用英文的双引号进行字符连接,否则将无法识别文字信息。

单元习题

1. 选择题

（1）快速生成模板是根据_____的配置生成的。

　　A. 表定义字段

　　B. 设计界面

　　C. 逻辑规则

　　D. 固定模板

（2）_____控件用于添加文本、条码、网格等控件。

　　A. 面板

　　B. 文本

　　C. 表格

　　D. 网格

（3）拖入文本控件，在表达式中输入_____，即可显示"我爱祖国"。

　　A. 我爱祖国

　　B. { 我爱祖国 }

　　C. '我爱祖国'

　　D. "我爱祖国"

（4）下列控件中，属于打印模板设计控件的是_____（多选）。

　　A. 面板

　　B. 条码

　　C. 网格

　　D. 工具栏

（5）新建一个打印方案，需要填写_____（多选）。

　　A. 序号

　　B. 标识

　　C. 名称

　　D. 类型

2. 填空题

（1）单据信息打印可创建_____套打印方案，在单击打印按钮时，通过选择不同的_____，打印出不同的_____。

（2）没有打印方案时_____（允许/不允许）设计打印界面。

（3）打印控件包含_____、_____、_____、_____、_____、_____，可拖动左侧控件到打印页。

（4）单据有____个打印方案时，不管按钮是否配置了打印方案标识，都直接按照该方案进行打印。

（5）单据有____个打印方案，未在打印按钮中配置打印方案标识，单击打印弹出打印方案选择界面，选中打印方案后单击"确定"，按照所选打印方案执行打印。

3. 简答题

（1）假如需要设计请假单打印模板，那么设计单一方案好还是多种方案好？阐述你的观点，并给出相应理由。

（2）请简述对设计单据打印模板的心得体会。

单元 10　业务列表实践

情境引入

在"车辆租赁系统"建设过程中,李同学在孙同学完成的租赁单定义基础上,结合赵同学在畅捷出行集团的调研结果,考虑到畅捷出行集团在业务处理中会存储大量单据,为便于单据的查看及打印需求,李同学在琪老师的指导下,通过低代码平台单据列表管理功能,设计了用于管理租赁单的租赁单列表,并在该列表工具栏配置了单据中设计好的三套打印模板供业务人员进行选择。

学习目标

(1)掌握单据列表的相关知识。
(2)能够通过低代码平台熟练设计单据列表。
(3)能够根据业务的相关需求分析并设计出对应的单据列表方案。
(4)培养学生单据列表展示的设计能力。
(5)培养学生树立良好的业务列表设计规范意识。

任务 10.1　租赁单查询列配置

任务描述

为实现畅捷出行集团"租赁单列表展示"的需求,李同学需要应用单据列表管理查询列配置功能,将租赁单主要字段展示在列表中,学会单据列表查询列配置。

(1)绑定租赁单主表及车辆信息子表。
(2)主表展示字段包括:单据状态、客户、客户经理、费用总计。
(3)子表展示字段包括:车辆分类、车辆、车牌号、起租日期、归还日期。
(4)系统展示字段包括:下一节点审批人。

技术分析

为了在系统中顺利配置租赁单查询列,需要掌握如下操作:
(1)通过低代码平台提供的单据列表管理功能,新建单据列表定义。

（2）通过单据列表定义操作栏"设计"按钮，在查询列页签下绑定数据建模中的主表及车辆信息子表。

（3）通过"选择字段"按钮选择所需展示在列信息的字段。

（4）通过"排序列"按钮拖动调整各字段间排序。

（5）通过右上角的"保存"按钮，对单据列表定义进行保存。

任务实现

1. 添加"单据列表管理"模块

新建一个功能模块，在右侧菜单栏中对其进行配置，绑定应用一栏选择"元数据"，绑定模块一栏选择"元数据管理"，标题重命名为"单据列表管理"，模块参数下的元数据类型选择"单据列表管理"，如图 10-1 所示。单击"保存"按钮并进行"发布"，退出编辑模式。

图 10-1　单据列表管理功能模块配置

2. 新建租赁单据列表定义

进入单据列表管理功能，单击工具栏中的"新建分组"，创建"车辆租赁"分组，单击工具栏中的"新建定义"按钮，弹出"新建定义"窗口，输入租赁单列表标识及名称，模型选择"单据列表模型"，如图 10-2 所示。单击"确定"按钮即完成定义新建。

图 10-2　新建租赁单列表定义

单击租赁单列表定义操作列的"设计"按钮，进入租赁单列表设计界面，如图 10-3 所示。

图 10-3 租赁单列表定义

定义单据列表并配置查询列

3. 配置租赁单列表查询列

在查询列页签下，单击单据主表弹出窗口选择租赁单主表，单击单据子表弹出窗口选择车辆信息子表后，单击"选择字段"按钮，在主子表字段中选择所需展示的表单字段，如图 10-4 所示。完成后单击"确定"按钮保存，即可在界面中显示出所选字段。

图 10-4 选择查询列字段

可进行拖动，调整各字段顺序，完成后效果如图 10-5 所示。

序号	排序	表	标识	名称	值类型	值引用类型	值引用	显示格式	汇总方式	宽度	禁用拉伸	隐藏	操作
1		主表	BILLCODE	单据编号	字符型								删除
2		主表	BILLDATE	单据日期	日期型								删除
3		主表	CREATEUSER	创建人	UUID	用户	AUTH_USER						删除
4		主表	KH	客户	字符型	基础数据	MD_CLZL_KHXX						删除
5		主表	SJH	手机号	字符型								删除
6		主表	KHJL	客户经理	字符型	基础数据	MD_CLZL_KHXX						删除
7		主表	KHJLSJH	客户经理手机号	字符型								删除
8		主表	FYZJ	费用总计	数值型								删除
9		子表	CL	车辆	字符型	基础数据	MD_CLZL_CL						删除
10		子表	QZRQ	起租日期	日期型								删除
11		子表	GHRQ	归还日期	日期型								删除
12		子表	CPH	车牌号	字符型								删除

图 10-5 选择查询列字段

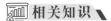

1. 单据列表管理

将单据定义以列表的方式展示出来，可在单据列表中新建、修改、删除、查看单据，在单据列表管理中可以设置单据显示哪些列，按照哪些条件显示。主要功能为单据列表定义，包含新建、设计、发布单据列表定义。

2. 定义设计

单击操作列中的"设计"按钮，打开单据列表设计界面，包含查询列、查询条件、工具栏、界面四个页签。

3. 查询列

在查询列页签中选择要展示的单据主表、单据子表，之后选择单据主子表的字段，并设置展示格式，已选字段将作为单据列表的展示列。

单击单据主表框，弹出单据主表选择界面，选择待查询的主表，单击"确定"按钮即可；单击单据子表框，弹出单据子表选择界面，选择待查询的子表，单击"确定"按钮即可；单击选择字段，弹出选择字段界面，可选项为已选单据主表、子表中的字段，勾选待查询的字段，单击"确定"按钮即可。单据列表执行界面，显示查询列中已选字段。

任务 10.2 租赁单查询条件配置

任务描述

为实现畅捷出行集团"租赁单按条件查询"的需求，李同学需要应用单据列表管理查询条件配置功能，可通过筛选条件筛选单据，学会单据查询条件设计。

（1）绑定租赁单单据定义。

（2）新建参数包括客户、客户经理、费用总计、车辆、车辆分类、起租日期、归还日期、车牌号。

技术分析

为了在系统中顺利配置租赁单查询条件，需要掌握如下操作：

（1）通过单据列表定义操作栏"设计"按钮，在查询条件页签下选择关联的单据定义。

（2）通过"新建参数"按钮配置查询条件参数。

（3）通过"排序列"按钮拖动调整各字段间排序。

（4）通过查询条件类型为查询条件设置检索方式。

（5）通过右上角的"保存"按钮，对单据列表定义进行保存。

任务实现

1. 绑定单据定义

在查询条件页签下,单击左上角单据定义窗口,弹出已在低代码平台内发布的单据定义,如图 10-6 所示,找到租赁单的单据定义,勾选后单击右下角"确定"按钮,绑定单据定义,退出选择单据定义窗口后,在单据定义处显示绑定单据定义名称及标识信息,即为绑定成功。

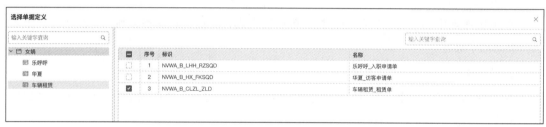

图 10-6 选择单据定义

2. 新建查询条件参数

单击单据定义后面的"新建参数"按钮,弹出"新建参数"窗口,如图 10-7 所示,可新建在查询列内绑定的主、子表中字段,勾选所需查询字段,单击"确定"按钮,完成查询参数新建。

视频
绑定单据定义并配置查询条件

图 10-7 新建参数

拖动字段排序列标识可调整字段顺序,完成后效果如图 10-8 所示。

图 10-8 选择查询条件字段

3. 设置条件类型

单击查询条件参数的条件类型窗口，弹出选项，将"客户""客户经理""车辆"设置为多值查询，"车辆分类"设置为单值查询，"费用总计""起租日期""还车日期"设置为范围查询，完成后，单击右上角的"保存"按钮，保存单据列表定义设计进度。

相关知识

1. 查询条件

在查询条件中选择要展示的单据定义，并选择要作为查询条件的字段，设置条件类型，已选字段将作为单据列表的查询条件。

单击单据定义框，弹出单据定义选择界面，左侧为单据定义的分组，右侧为所有单据定义，单击左侧分组，右侧只显示该分组下的单据定义，勾选待查询单据定义（所勾选的单据定义主表须与查询列页签选择的主表一致，子表需包含查询列页签选择的子表），单击"确定"按钮即可。

单击"新建参数"，可选项为主表字段，勾选作为查询条件的字段，单击"确定"按钮后，已选字段展示在查询条件界面。

2. 按单据创建人过滤

按单据创建人过滤，位于右上角，勾选，则单据列表只显示创建人为当前登录用户的单据，不勾选，则显示所有用户创建的单据。

任务 10.3 租赁单工具栏及界面设置

任务描述

为实现畅捷出行集团"租赁单列表工具栏快捷操作"的需求，李同学需要应用单据列表管理工具栏及界面配置功能，可对单据列表下单据进行统一管理，学会工具栏工具设计及界面展示配置。

（1）添加动作包括新建、修改、删除、查看、打印、查看流程、导出等。
（2）单据操作列需显示修改、删除、打印。
（3）界面展示以主子表树形进行展示。

技术分析

为了在系统中顺利设置租赁单工具栏及界面，需要掌握如下操作：
（1）通过单据列表定义操作栏中的"设计"按钮，在工具栏页签下添加动作按钮。
（2）通过"打印"动作按钮的参数栏，设置支持使用的打印模板。
（3）通过单据列表设计的界面页签，设置表格样式。
（4）通过单据列表设计的界面页签，设置界面展示方案。
（5）通过右上角的"保存"按钮，对单据列表定义进行保存，退出后进行发布。
（6）通过编辑模式的单据列表执行功能，将单据列表定义注册为功能。

任务实现

1. 设置工具栏动作

● 视频
设置工具栏动作并配置打印参数

进入租赁单列表设计界面，在工具栏页签下，单击"添加动作"按钮，弹出动作添加列表，如图10-9所示。

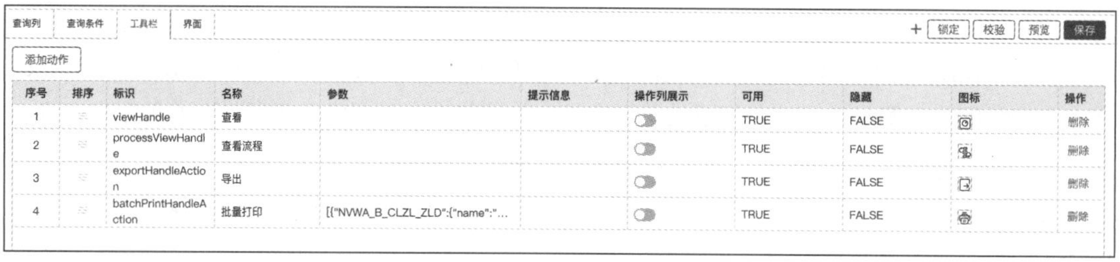

图 10-9　工具栏动作设置

勾选查看、查看流程、导出、批量打印动作按钮，如图10-10所示，单击"确定"按钮保存设置，完成动作添加。

单击批量打印动作的参数栏，弹出打印模板配置窗口，如图10-11所示，可在该窗口配置出单据定义中所设计好的单据打印模板，配置完成后，单击"确定"按钮，完成单据打印模板配置。

图 10-10 添加动作窗口

图 10-11 打印模板配置

2. 设置界面

切换至"界面"页签下,如图 10-12 所示,在表格样式一栏选择"主子表树形",子表行展示主表字段内容选择"不展示",单据定义界面展示方案,选择车辆租赁单中设计好的其中一种展示方案,单击"校验",未提示错误信息后,单击"保存"按钮,发布该单据列表定义。

视频

设置展示界面排序以及审批功能列表

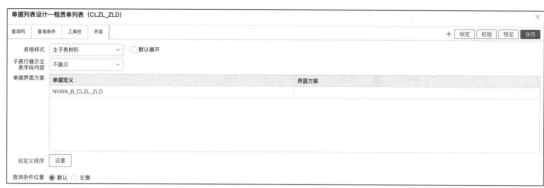

图 10-12　界面设置

3. 新建单据列表执行

进入编辑模式，在"租赁单管理"下新建一个功能模块，在右侧菜单栏中对其进行配置，绑定应用一栏选择"单据"，绑定模块一栏选择"单据列表执行"，标题重命名为"租赁单列表管理"，模块参数下的单据列表定义选择完成发布的"租赁单列表"，如图 10-13 所示。

图 10-13　单据列表执行功能模块配置

4. 新建驳回事项

继续单击"添加同级"，在"租赁单管理"下新建一个功能模块，绑定应用一栏输入"我的"，绑定模块一栏选择"我的驳回待办"，将标题复命名为"驳回事项"。

相关知识

1. 工具栏

在工具栏中选择单据列表工具栏需要的动作,如新建、修改等。

单击添加动作,弹出添加动作界面,其中:

(1)新建、修改、删除、查看,分别用于新建、修改、删除、查看单据。

(2)停用、启用,用于对公—付款(收款)合同模型的单据定义的停用启用。

(3)查看流程,在单据列表勾选一张已有流程的单据,可以直接查看该单据的流程。

(4)批量打印需要配置方案,可配置多个,在方案中设置单据定义中已有的打印方案,批量打印时调用所设置打印方案打印。

(5)导出:单据列表支持数据导出,根据当前查询条件导出查询到的所有数据。

2. 界面

(1)表格样式:主子表平铺、主子表树形。

(2)单据界面方案:配置通过单据列表打开单据界面方案。

(3)单据列表的复选框支持显隐配置。

(4)自定义排序:在已选的查询列字段中,可以选择根据哪些字段进行排序以及字段的排序设置,包括升序和降序。

 单元考评表

业务列表实践考评表

被考评人		考评单元	单元10 业务列表实践	
考评维度		考评标准	权重(1)	得分(0~100)
内容维度	单据列表管理—查询列	掌握主要组件的作用与使用方法	0.05	
	单据列表管理—查询条件	掌握主要组件的作用与使用方法	0.05	
	单据列表管理—工具栏	掌握主要组件的作用与使用方法	0.05	
	单据列表管理—界面设置	掌握主要组件的作用与使用方法	0.05	

续表

任务维度	设置列表查询列	配置租赁单列表显示的列信息字段	0.2	
	设置查询条件	配置查询条件参数，设计租赁单搜索功能	0.2	
	设置工具栏动作	设置列表可操作工具栏动作	0.1	
	设置界面	设计租赁单列表展示形式	0.1	
职业维度	职业素养	能理解任务需求，并在指导下实现预期任务，能自主搜索资料和分析问题	0.1	
	团队合作	能进行分工协作，相互讨论与学习	0.1	
加权得分				
评分规则		A	B	C	D
		优秀	良好	合格	不合格
		86~100	71~85	60~70	60以下
考评人				

单元小结

本单元主要介绍了业务表单列表的创建及界面展示形式，学生通过本单元的学习，可以拓展单据列表设计相关知识概念，掌握根据业务需求设计单据列表管理界面的设计能力，加强业务设计规范意识，提高业务创新性思维。

设计单击列表定义时，务必检查是否在查询页签绑定了对应的单据定义，若无绑定单据定义，将无法查询到对应的单据信息。为打印动作按钮配置打印模板时，可选择模板数量与单据定义中设计的方案保持一致。

单元习题

1. 选择题

（1）为单据列表配置工具栏打印动作时，需在_____处配置对应的打印模板。

　　A. 标识

　　B. 名称

　　C. 参数

　　D. 操作列展示

（2）在查询条件中配置查询参数时，下列不支持范围查询条件的值类型为_____。

A. 字符型

　　B. 数值型

　　C. 日期型

　　D. 日期时间型

（3）想要将工具栏动作显示在各单据信息后方进行快捷操作，需勾选_____。

　　A. 可用

　　B. 隐藏

　　C. 操作列展示

　　D. 禁止拉伸

（4）查询列页签中，可以选择_____中的字段（多选）。

　　A. 单据列表

　　B. 单据主表

　　C. 单据子表

　　D. 单据从表

（5）配置查询条件时，数值型字段的条件类型包含_____（多选）。

　　A. 单值

　　B. 多值

　　C. 差值

　　D. 范围

2. 填空题

（1）勾选_____，则单据列表只显示创建人为当前登录用户的单据；不勾选，则显示所有用户创建的单据。

（2）单击列表定义操作列中的设计按钮，打开单据列表设计界面，包含_____、_____、_____、_____四个页签。

（3）单击单据定义框，弹出单据定义选择界面，勾选待查询单据定义，所勾选的_____主表须与_____页签选择的主表一致，子表需包含_____页签选择的子表。

（4）表格样式分为_____与_____两种。

（5）查询条件的新建参数可选择参数由_____页签下的单据_____表与单据_____表决定。

3. 简答题

（1）举例说明在设置查询条件类型时，单值、多值、范围分别适用于什么样的业务字段下。

（2）简述对于设计单据列表定义的心得体会。

单元 11　用户权限实践

情境引入

在车辆租赁系统建设中了解到，钱同学、孙同学已经按照需求将一系列所必需的基础设施、单据设计等全部搭建完毕。接下来李同学会结合调研报告和上述同学的成果，相继完成角色、用户的搭建，并全额分配用户权限，保证每个用户的访问在可监控的范围内，保障系统安全。

学习目标

（1）了解现实企业中员工与角色用户的对照关系。
（2）掌握低代码平台角色的基本概念和定义。
（3）掌握低代码平台用户的基本管理和创建功能。
（4）培养读者在信息安全领域中的数据安全防护意识和维护意识。

任务 11.1　创建租赁公司角色

任务描述

本任务目标以"车辆租赁公司"为例，搭建所必需的公司角色，以保证企业所必需的业务能够正常流转。李同学在实际建设过程中，需要使用角色管理中的新增、修改、删除、关联用户等方式来完成车辆租赁公司的角色搭建。

技术分析

为了在系统中顺利创建租赁公司角色，需要掌握如下操作：
（1）通过编辑模式将"角色管理"添加至菜单中。
（2）通过单击新增完成车辆租赁分组的创建。
（3）通过单击新增完成车辆租赁制单岗、收费岗和提车岗的创建。

任务实现

汽车租赁公司在低代码平台中一共需要三种角色用于实现租车业务，其中包含制单岗、收费岗、信息管理员，所以需要为其增加这三个角色。

（1）制单岗：用于开单，新来的客户需要先找到制单人（可以把这个角色岗位作为客服接待），将客户信息在单据中填写完整，其中包含客户信息、租车信息、费用信息等。

（2）收费岗：用于制单人在开单后流转到此进行收费，开设缴费凭证的岗位。

（3）信息管理员：用于管理车辆租赁平台信息数据。

具体操作如下：

（1）单击进入编辑模式，编辑模式下在"系统配置"中新增"角色管理"模块，单击进入编辑模式，选择"系统配置"，继续单击"添加下级"，在绑定应用处搜索"角色"，找到搜索结果中的"角色管理"并选中。

视频

创建角色

（2）单击"保存"，提示保存成功字样后，单击"发布"，提示"发布成功"后，退出编辑模式。

（3）功能树定义好角色管理功能项后，单击角色管理，选择"全部角色"，单击"新增"，此时新增为角色分组，创建车辆租赁角色管理分组，分组名称命名为"车辆租赁角色管理"。重新选择"全部角色"即可再次新增角色分组。

（4）在创建分组后，选择该分组，继续单击"新增"，此时为新增角色。第一个需要新增的角色为"制单岗"，输入角色标识（CLZL_ZDG）、角色名称（车辆租赁-制单岗）、所属分组（车辆租赁角色管理）、角色描述（可随意描述岗位作用等信息）。

（5）继续选择"车辆租赁角色管理"分组，单击"新增"，输入角色标识（CLZL_SFG）、角色名称（车辆租赁-收费岗）、所属分组（车辆租赁角色管理）、角色描述（可随意描述岗位作用等信息）。

（6）继续选择"车辆租赁角色管理"分组，单击"新增"，输入角色标识（CLZL_XXGL）、角色名称（车辆租赁-信息管理）、所属分组（车辆租赁角色管理）、角色描述（可随意描述岗位作用等信息）。

（7）之后重复第（5）步操作，继续新增：

①提车岗：角色标识（CLZL_TCG）、角色名称（车辆租赁-提车岗）、所属分组（车辆租赁角色管理）、角色描述（可随意描述岗位作用等信息）。

②还车岗：角色标识（CLZL_HCG）、角色名称（车辆租赁-还车岗）、所属分组（车辆租赁角色管理）、角色描述（可随意描述岗位作用等信息），最终完成效果如图11-1所示。

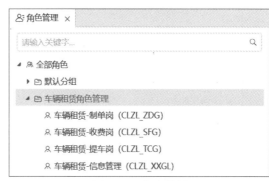

图11-1　角色样板

相关知识

以下对"角色管理"模块常用功能项的作用以及应用方式作详细阐述。

1. 新增分组

在选择"全部角色"时，可以新增分组，用于区分不同组织机构下的相同角色和不同角色的定义和创建。

2. 新增角色

在定义角色分组后，选择当前分组，就可以新增角色了。新增时须填写角色标识、角色名称、所属分组、角色描述，其中角色标识须保证角色在整个低代码平台中的唯一性，角色描述为非必填项。

3. 修改角色

当新增的角色信息需要修改时，可选择即将被修改的角色，单击"修改"，就可以修改角色标识、角色名称、所属分组、角色描述。角色标识虽然可被修改，但定义后不建议频繁修改，其余内容可随意修改。

4. 删除角色

当某些角色不再使用时，可将其进行删除，一旦删除，则无法恢复，所以须谨慎删除。

5. 关联用户

选择某个角色，单击"关联用户"，弹出的界面会显示所有用户下的用户列表，可以多选某些还未拥有角色的用户或已有其他角色的用户转变到当前选择的角色下，如图11-2所示。

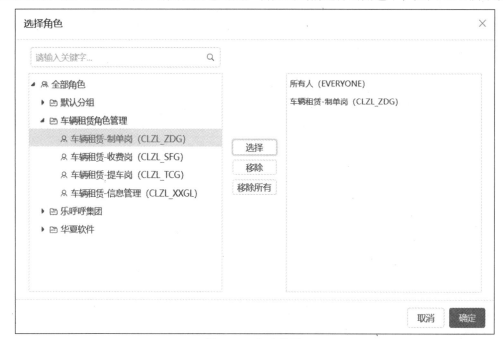

图 11-2　角色关联

6. 取消关联

可将已关联的某些角色取消关联。通过鼠标多选某些用户后，单击"取消关联"，就会立即将当前用户和当前选中的角色脱钩。"所有人"的角色无法与用户脱钩,原因在于"所有人"的权限是最低的。"业务管理员"的权限仅次于admin(超级管理员),有关"业务管理员"这个角色还需要注意的是:该角色不可赋予权限、删除、修改;该角色可以新建用户、给用户关联角色、为用户授权;可授权的权限资源类型只有角色、组织、基础数据、功能权限四类;该角色可授权的组织权限范围是:所属组织及其所有下级组织+监管组织,可授权的用户范围也是这些组织下的用户。除此之外,只有admin超管用户可以使用角色管理功能;超级管理员(admin)、业务管理员均可以使用用户管理功能。

7. 授权

选择某个角色之后,单击"授权"可对其进行详细授权,如图11-3所示。

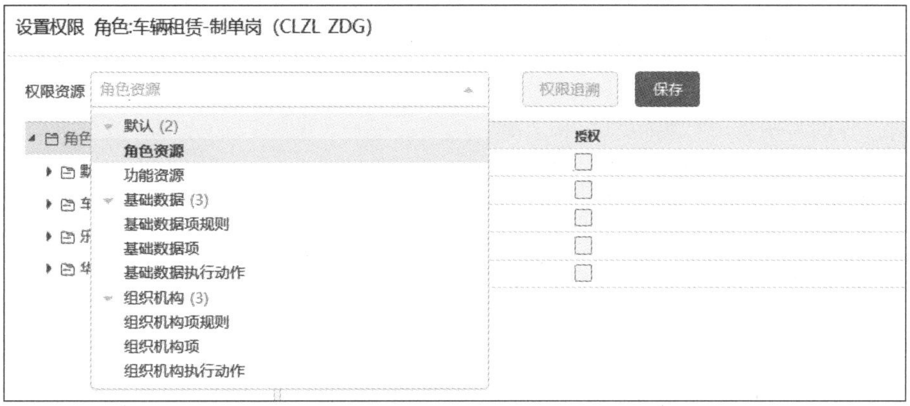

图 11-3　角色授权

根据选定的用户(可多选)进行单独授权,该授权需要在多选用户之后,单击"授权",或者以某一行用户的操作中单击"授权"进行单独授权,只是这种操作除特例情况下很少使用。

8. 刷新

当新增用户、修改用户、删除用户这些操作完毕后,界面中的用户信息并未发生改动,很有可能是前端界面与后端服务交互后并未及时刷新的情况导致的,而不必重新操作,此时只需要单击"刷新"按钮,即可让前端界面重新请求后端服务再次获取最新数据,以保证数据发生变动而得到想要的结果。

任务 11.2　创建车辆管理用户

任务描述

本任务目标以"车辆租赁公司"为例,通过已有角色和实际招聘人员信息来创建用户,以保证企业所必需的业务能够正常流转。李同学在实际建设过程中,需要使用用户管理中的新增、修改、删除来设置用户的登录名、用户名称、密码、所属机构等重要信息完成车辆租赁公司的用户搭建，并能够使用户正常登录和修改自己的信息。

技术分析

为了在系统中顺利创建车辆管理用户，需要掌握如下操作：
（1）通过编辑模式将"用户管理"添加至菜单中。
（2）根据已定义的组织机构通过单击"新建"完成用户的创建，并指定公司角色。

任务实现

在了解任务需求之后，就开始定义和创建新的租车客户的服务相关账号了。具体需要创建的用户情况根据租车公司服务人员数决定，根据租车公司的组织架构与角色分类进行用户的创建。

每一个组织总部机构和分支机构都需要相关角色来支撑客户的服务系统。之前创建了五个组织机构，分别为畅捷出行集团总部和上海、西安、杭州、北京四个分部。每个机构需要三种角色实现运转，分别为制单岗、收费岗、信息管理员。按照这种创建用户的逻辑，至少需创建15个用户才能支撑起现有机构的正常运行。

接下来以总部机构为例实现用户的创建：

创建用户

（1）单击进入编辑模式，在"系统配置"中新增"用户管理"模块，选择"系统配置"，继续单击"添加下级"，在绑定应用处搜索"用户"，找到搜索结果中的"用户管理"并选中。

（2）单击"保存"，提示保存成功字样后，单击"发布"，提示"发布成功"后，退出编辑模式。

（3）创建"北京畅捷出行"总部的制单岗客户服务，选中组织机构名为"畅捷出行集团"下"北京畅捷出行"（根据实际需求自行选择），单击"新建"，输入登录名（zd）、用户名称（制单）、密码和确认密码（均为1）、所属角色（所有人、车辆租赁 - 制单岗）、所属机构（畅捷出行集团），默认勾选"下次登录需要修改密码"，单击"确定"等待创建成功。

（4）继续选择"北京畅捷出行"，单击"新建"添加用户，输入登录名（sf）、用户名称（收费）、密码和确认密码（均为1）、所属角色（所有人；车辆租赁 - 收费岗）、所属机构（北京畅捷出行），默认勾选"下次登录需要修改密码"，单击"确定"等待创建成功。

（5）继续选择"北京畅捷出行"，单击"新建"添加用户，输入登录名（clzl_xxgly）、用户名称（车辆租赁 - 信息管理员）、密码和确认密码（均为1）、所属角色（所有人；车辆租赁 - 信息管理员）、所属机构（北京畅捷出行），默认勾选"下次登录需要修改密码"，单击"确定"等待创建成功。

相关知识

以下对"用户管理"模块常用功能项的作用以及应用方式作详细阐述。

1. 查询用户

在打开"用户管理"功能页后，一般情况下会先以列表的形式展现已存在的用户信息。列表至少包含序号、用户名、所属机构、所属角色、状态、操作等一些基本信息，如图11-4所示。

图 11-4 用户管理列表

2. 创建用户

想要创建用户，就必须先选择对应的组织机构，默认组织机构为行政组织。选择对应的组织机构，单击"新建"按钮即可创建用户，在弹出的新窗口中输入登录名、用户名称、密码、确认密码、电话号码、电子邮箱，选择所属角色、所属机构，勾选或取消勾选"下次登录需要修改密码"，即可完成用户的创建，如图11-5所示。

图 11-5 新增用户

登录名即为在低代码平台登录过程中输入的用户名，可以后续进行修改。

用户名称即为登录后在右上侧显示的用户昵称和缩写。

密码即为登录密码，作为登录的凭证之一，首次创建用户时须重复填写密码以便校验完整，确保用户所输入的密码准确性。

电话号码和电子邮箱均为非必填项，可作为用户信息用于保存和查录。

所属角色为非必填项，但一般情况下需要在创建时指定用户属于哪一类角色，以免造成用户无归属角色类导致无法正常使用授权功能。当然，也可在创建时不指派角色，后续必要时指派。

所属机构为默认选取行政组织旗下的任意机构，默认为必填项，在新建前就必须要选择组织机构，所以在创建过程中非必要无须重复指定。

默认勾选"下次登录需要修改密码"，当用户被创建完毕，第一次使用该用户进行登录时，就需要强制修改密码，修改密码后则需再次使用新修改的密码重新登录，极大地保证了用户的安全性。

3. 编辑用户

当用户信息需要修改时，可选择即将修改的用户行信息，单击"修改"按钮对用户的基本信息进行修改，可修改项包括登录名、用户名称、电话号码、电子邮箱、所属角色、所属机构、"下次登录需要修改密码"。

4. 删除用户

当某些用户不再需要了，就可以通过用户管理进行删除，一旦删除，则用户无法被找回。删除时可根据选择的不同组织机构名称显示不同组织的用户进行多选，单击"删除"确认后，用户将被删除。

5. 授权用户

被创建后的用户可为其单独授权低代码平台中的访问、编辑、授权等能力，选中某个用户后在右侧操作处单击"授权"按钮即可弹出新的授权窗口进行权限操作。

6. 复制用户

在用户在经过新建、授权设置后，如果想继续创建与之相同权限的新用户，不必重复操作，只需要根据选择的用户单击"复制"，之后按照需求重新更改登录名、用户名称、密码、确认密码四项，电话号码、电子邮箱和下次登录需要修改密码根据实际需要填写。

7. 锁定、解锁

当低代码平台某些用户或因短期不再使用或因违规的某些特殊情况，可为其锁定，锁定的用户无法登录系统，限制其登录或其他指定的业务操作，业务上可以正常选择到锁定的用户。勾选要锁定的用户，单击工具栏中的"锁定"按钮，将选中的多个用户锁定，锁定后的状态为"锁定"。

可为被锁定的用户其进行解锁，被解锁的用户可再次登录进行操作，单击工具栏中的"解锁"按钮，将选中的多个用户解锁，解锁后锁定状态为"正常"。

8. 启用、停用

此功能项与锁定和解锁一样，被停用的用户无法登录系统，相当于离职状态，在业务上选择用户时也选不到。勾选要停用的用户，单击工具栏中的"停用"按钮，将选中的用户停用后，状态改为"停用"。勾选要启用的用户，单击工具栏中的"启用"按钮，将选中的用户启用，启用后状态改为"正常"。

9. 修改密码

当某些用户忘记密码时，管理员可登录 admin 或关联了业务管理员角色的用户为其进行密码重置，或进行密码的修正，如图 11-6 所示。

10. 关联角色

对于一些在初始创建但并未指定角色，可以统一选取为其设置角色，每个用户可以为其设置多个角色来拥有更多的权限。

11. 导出

导出的目的有两种：一是实现线下用户数据的离线存储；二是生成一个用户的模板，离线编辑用户数据。导出功能提供了三种方式：已勾选用户、全部用户和导出模板，如图 11-7 所示。

图 11-6 修改密码

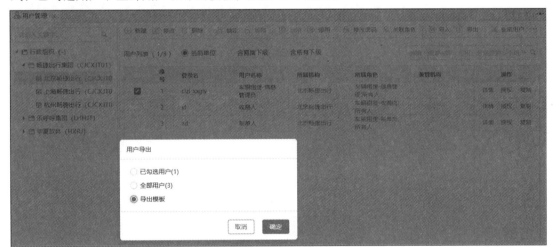

图 11-7 数据导出

12. 导入

当用户数据因某些特殊情况丢失或需要新增一些用户时，可以通过导入功能将导出时生成的数据模板文件进行导入。

13. 生成用户

通过此功能可自动批量生成用户。可根据机构范围的选择和所属角色的选择来生成用户所属的机构和角色范围。同时，还提供了登录名初始化的方式来实现登录名称的批量生成，密码生成方式提供了统一固定密码和随机密码两种，统一固定密码须重复填写两次相同密码进行设置，随机密码会随着批量生成用户后自动导出的 Excel 中记录下来，打开 Excel

文件即可看到密码，还可选择"下次登录需要修改密码"来要求用户初始登录后强制修改密码。

14. 扩展属性

在用户信息中，系统默认提供了登录名、用户名称、密码、电话号码、电子邮箱、所属角色和所属机构。除此之外，在创建用户时可能需要记录用户的额外信息时，可以使用扩展属性来为用户增加必要的信息字段。

例如，为用户添加户籍住址，就需要单击"扩展属性"，在弹出的新窗口中单击选择"新建"来新增用户属性，如图 11-8 所示。

图 11-8 用户属性

名称：扩展属性的唯一标识。

中文标题：新增用户时显示的标题名称。

英文标题：对应中文标题。

数据类型：可以设置和选择浮点类型、布尔型、附件类型、长文本类型、日期类型、整数类型、字符类型、高精度数值型、日期时间类型、二进制类型、基础数据。当选择基础数据时，还需要提供填写表名。

默认值：在新增用户时如不填写该字段，则以默认值填充。

说明：如有必要可对该属性进行详细说明。

敏感属性：如该属性的数据可能会牵扯到个人隐私，可对其进行加密处理。

必填：勾选此项后在新增用户时必须填写信息才可提交新增。

任务 11.3　定义租赁用户权限

任务描述

本任务以"车辆租赁公司"为例，对已有角色和用户进行授权，以保证企业数据在有限、可控的范围内被合理使用，以此保障租赁公司中重要数据的安全性、完整性和正确性。李同学在实际建设过程中，需要对功能资源、基础数据访问项、组织机构项、执行动作等资源完成角色或用户的授权，使每个用户都有相应的数据访问能力和数据维护能力。

技术分析

为了在系统中顺利定义租赁用户权限，需要掌握如下操作：
（1）通过选中角色管理中角色名称，单击"授权"完成权限控制。
（2）通过选中用户管理中用户列表，单击"授权"完成权限控制。
（3）通过选择功能资源对角色用户完成菜单管理和功能菜单的授权。
（4）通过选择组织机构项规则对角色用户完成访问和管理组织机构数据的授权。
（5）通过选择组织机构项对角色用户完成访问和管理组织机构数据的授权。

任务实现

在初步了解如何为角色用户完成授权访问后，接下来具体实现租车平台角色权限分配，让每个用户各司其职地访问应有的功能权限和数据。

在租车平台中想要完成租赁业务流程需要四个功能项，分别是租赁单录入、租赁单管理、我的待办、租赁单查询以及相关信息管理等；那么就需要四个岗位角色的用户需要权限分配实现租车还车流程操作，分别是制单岗、收费岗、提车岗、信息管理岗。

每个角色对应的功能项清单如下：
（1）租赁管理（制单岗）：租赁单录入、租赁单列表管理和驳回事项。
（2）审批管理（收费岗、提车岗）：待办事项和已办事项。
（3）信息管理（信息管理岗）：客户信息管理、部门管理、车辆分类管理、员工信息管理和车辆管理。

角色授权

了解角色用户分配清单之后，接下来开始着手实现。
（1）打开"角色管理"，在组织机构处选择"车辆租赁角色管理"，再次选择"车辆租赁 - 制单岗"，在单击选择"授权"功能。
（2）在弹出的"设置权限 - 角色：车辆租赁 - 制单岗（CLZL_ZDG）"新窗口中，左上侧"权限资源"处选择"功能资源"，之后展开"功能菜单"，单击"车辆租赁"，在右侧展开的全部资源中，找到"租赁单录入"、"租赁单列表管理"和"驳回事项"后分别选择"访问"，单击"保存"，当提示"操作成功"后关闭界面。这样就为制单岗角色下所有用户均授予了访问"租赁单录入"、"租赁单查询"和"驳回事项"这三个功能项的访问权限。
（3）为收费岗设置相应访问权限，在组织机构处选择"车辆租赁 - 收费岗"，在右侧选择"授权"功能。
（4）在弹出的"设置权限 - 角色：车辆租赁 - 收费岗（CLZL_SFG）"新窗口中，左上侧"权限资源"处选择"功能资源"，之后展开"功能菜单"，单击"车辆租赁"，在右侧展开的全部资源中，找到"待办事项"和"已办事项"后分别选择"访问"，单击"保存"，当提示"操作成功"后关闭界面。这样就为收费岗角色下所有用户均授予了访问以上两个功能项的访问权限。

（5）为信息管理岗设置相应访问权限，在组织机构处重新选择"车辆租赁-信息管理"，在右侧选择"授权"功能。

（6）在弹出的"设置权限-角色：车辆租赁-信息管理岗（CLZL_XXGL）"新窗口中，左上侧"权限资源"处选择"功能资源"，之后展开"功能菜单"，单击"车辆租赁"，在右侧展开的全部资源中，找到"信息管理"并选择"访问"，单击"保存"，当提示"操作成功"后关闭界面。

以上的操作说明了设置访问各自功能项的权限，登录各自角色账号即可查看旗下所拥有的功能树。但这仅仅只能让用户访问功能树菜单，对于相关单据的流转和单据列表查询等事项，由于没有分配组织机构权限选项，每个机构下的用户可能会跨组织查看到其他单据，如北京畅捷集团的收费岗会收到上海畅捷集团制单人所开设的租赁单，就会造成单据流转不正常的严重错误，错误的人员审批了错误的单据。为每个角色下的用户设置只拥有自己所在的组织机构下的组织，才能避免不同组织机构下的单据发生流转错误的现象。

以"车辆租赁-制单岗"为例来授权组织机构相关的权限授权，再次打开"角色管理"，在组织机构处选择"车辆租赁角色管理"，再次选择"车辆租赁-制单岗"，在右侧选择"授权"功能。

在弹出的"设置权限-角色：车辆租赁-制单岗（CLZL_ZDG）"新窗口中，左上侧"权限资源"处选择"组织机构项规则"，选择序号为2的"用户所属机构"一行，勾选"访问"，再选择序号为3的"用户所属机构的直接下级"，再次勾选"访问"，之后单击"保存"。这样就解决了不同组织机构单据错乱的问题。之后在"车辆租赁-收费岗"下进行重复操作。

相关知识

以下对"用户权限"常用功能项的作用以及应用方式作详细阐述。

1. 功能资源—菜单管理

资源名称包含菜单管理和功能菜单，支持的权限项包含同上级、访问。菜单管理存在的意义就在于能否使该角色和用户拥有编辑菜单的权限，默认权限为同上级，即无访问权限，勾选"访问"则拥有可编辑权限。

权限为默认"同上级"时，无编辑权限；设置为"访问"权限后，拥有编辑权限。

2. 功能资源—功能菜单

资源名称包含菜单管理和功能菜单，支持的权限项包含同上级、访问。功能菜单可以配置该角色和用户拥有访问功能树配置中的任意功能项。

权限为默认"同上级"时，无访问权限；赋予"访问"权限后，根据勾选的"访问"功能项均可查看。

3. 组织机构—组织机构项规则

当角色或用户想要访问低代码平台一些重要数据时，需要授予组织机构项所提供的操作权限才能正常访问和操作，所谓重要数据包含低代码平台中的基础数据、数据模型、单据（包含单据列表）、报表中数据方案、报表中任务上报数据。目前平台所包含的允许赋权的组织机构规则包括所有机构、用户所属机构、用户所属机构的直接下级、用户所属机构的所有下级、用户兼管机构、用户监管机构的直接下级、用户监管机构的所有下级、用户对身份关联的机构。平台所提供的组织机构操作权限包含管理、访问、录入、编辑、上报、送审、审批、查看未发布数据、数据发布。

（1）组织机构项常用规则说明：

①所有机构：角色用户可以访问整个平台的所有机构。

②用户所属机构：角色用户可以访问所归属机构。

③用户所属机构的直接下级：角色用户可以访问所归属机构和该机构的所有子级机构。

④用户所属机构的所有下级：角色用户可以访问所归属机构和该机构的所有后代机构。

（2）组织机构常用操作权限说明：

①访问：角色用户可以只读查看选择的组织机构项数据。

②录入：角色用户可以对选择的组织机构项下的报表信息进行填报操作。

③编辑：角色用户可以对选择的组织机构项下的数据模型、单据信息进行新增、修改、删除操作。

④上报：角色用户可以对选择的组织机构项下的报表信息进行上报操作。

⑤送审：角色用户可以对选择的组织机构项下的报表信息进行送审操作。

⑥审批：角色用户可以对选择的组织机构项下的报表信息进行审批操作，这对于该角色用户为上级领导对下属上报提交的材料进行审查审批至关重要。

4. 组织机构执行动作

现有对组织机构的操作权限包括"新建下级""新建同级""修改""保存""删除""停用""启用""上移""下移""快速移动""异动""导出""导入""版本管理""回收站"。当某些角色用户（如租赁平台数据管理员）需要拥有维护平台组织机构项的操作权限时，就可以根据实际维护的需求为其增加组织机构的权限。默认组织机构类型为"行政组织"，即代表所有组织机构的操作权限。如果有不同组织机构下的管理员管理各自旗下的组织机构需求，还可以根据组织机构类型处选择具体的组织机构进行更加详细的权限划分。

5. 报表—"数据方案"

当角色用户需要进行报表填报、上报这类需求时，就必须为其指定报表对应的数据方案赋予访问权限。权限选择提供了同上级、访问和编辑权限。默认为同上级，即代表无访问权限；勾选"访问"则可以只读查看该数据方案；勾选"访问+编辑"则拥有了新增、修改、删除数据的权限。需要注意的是，如果只勾选了"编辑"权限是无法对某个数据方案进行访问和编辑的，所以通常情况下想要让用户拥有"编辑"权限，必须将"访问"权限也一起勾选才能达到指定效果。

6. 报表—"任务"

如果只为角色用户赋予了"数据方案"的访问或编辑权限，只能让其对数据表、字段、类型、汇总统计等操作受到影响，而如果想要对报表数据操作，就需要继续给予任务设计列表的权限。针对报表数据的权限有很多,其中包括同上级、访问、数据写、送审、审批、上报等,根据实际情况赋予相应权限即可。

7. 数据分析

当角色用户需要访问数据分析大屏仪表盘的分析数据时,就需要为其设置数据分析权限,针对不同的数据分析所对应的仪表盘数据进行选择,之后为其设置权限,包括同上级、访问、编辑。

8. 基础数据执行动作

当角色用户需要维护基础数据,但又不想让该角色用户拥有对基础数据的所有权权限时,可以利用执行动作进行相关操作限制,首先要在"基础数据执行动作"界面中的"基础数据"处对某个基础数据进行选择,才能对其设置动作限制。其中所包含的常用动作有"新建""修改(列操作)""停用(列操作)""启用(列操作)""删除(列操作)""批量删除""上移""下移""回收站",另外还包含一些较小概率用到的动作权限控制,如"批量停用""批量启用""快速移动""导入模板管理""导入""导出",具体根据实际需要进行授权。

单元考评表

用户权限实践考评表

被考评人		考评单元	单元11 用户权限实践	
考评维度		考评标准	权重(1)	得分(0~100)
内容维度	角色管理	掌握低代码平台角色的基本概念和定义	0.1	
	用户管理	掌握低代码平台用户的基本管理和创建功能	0.1	
任务维度	创建租赁公司角色	完成租赁公司角色创建	0.2	
	创建车辆管理用户	完成车辆管理用户创建	0.2	
	定义租赁用户权限	完成租赁用户权限定义	0.2	
职业维度	职业素养	信息安全领域中的数据安全防护意识和维护意识	0.1	
	团队合作	能进行分工协作,利用头脑风暴相互讨论与学习	0.1	
加权得分				

续表

评分规则	A	B	C	D
	优秀	良好	合格	不合格
	86~100	71~85	60~70	60以下
考评人				

单元小结

本单元主要介绍了在低代码平台中如何实现权限管理和授权操作。读者在学习和练习后,不仅可以掌握权限在平台中的分布和划定范围,对网站中的角色和用户有充分的认识和了解,同时可以掌握定义角色、利用角色定义用户和使用组织机构来管理权限范围等操作,对从具体业务应用出发,进一步深入搭建企业架构有更深的认识。

单元习题

1. 选择题

(1) 在低代码平台中,关于角色的划分,正确的是 _____。

    A. 没有用户就没有角色,必须先创建用户才能拥有分配的角色

    B. 用户管理中包含角色管理,所有角色管理本身并不重要

    C. 客户属于角色,经理属于用户

    D. 想要创建用户,就必须要先定义角色,角色大于用户

(2) 以下属于角色的是 _____。

    A. 周杰伦

    B. 北京环梦科技有限公司

    C. 吴经理

    D. 技术总监

(3) 在低代码平台中,一旦用户被锁定了,则 _____。

    A. 用户可以正常登录,但功能会受限

    B. 用户无法正常登录,并且账户已被删除

    C. 用户无法正常登录,需要联系相关管理员进行解锁后方可登录

    D. 可以通过找回账号功能填写手机号进行解锁

(4) 在给予角色用户组织机构项规则授权中,可以赋予包含的权限有 _____。

    A. 同上级、访问、编辑、上报、送审、审批

    B. 访问、编辑、上报、送审、授权

C. 同上级、编辑、上报、送审、审批

　　D. 管理、访问、录入、编辑、上报、送审、审批、查看未发布数据、数据发布

（5）在授权体系中，为角色用户授权的常用权限资源包括_____（多选）。

　　A. 基础数据项规则、数据分析、任务设计、仪表盘模板、多维查询模板

　　B. 自定义录入模板、分析报告、数据资源树、首页资源

　　C. 功能资源、数据分析、数据方案、任务、组织机构项规则

　　D. 移动端功能点、组织机构执行动作、首页资源、数据集、仪表盘模板

2. 填空题

（1）选中角色后，单击工具栏中的_____按钮进行角色授权，授权权限包括_____、_____、_____、_____、_____等。

（2）想要在空白下创建用户，必须先创建_____，之后才能创建角色。

（3）想要创建用户，必须先指定_____，只有在有限的企业机构中创建的用户才能正常使用，而在创建用户时，非必要指定_____、_____和_____。

（4）_____在创建用户后，用户第一次登录需要强制修改密码。

（5）_____、_____和_____可以实现让用户在登录后正常访问功能菜单以及正常提交单据。

3. 简答题

（1）请描述角色、用户在企业中的重要性。

（2）请描述在畅捷出行集团中制单岗、收费岗、信息管理员各自需要赋予什么权限，才能够保证数据安全性和正常工作流程。

单元 12　工作流实践

情境引入

在车辆租赁系统建设过程中，李同学已经按照需求完成了用户权限控制。为了建立企业业务流程所需操作步骤之间的流转规则，需引入工作流来呈现业务流转功能。接下来需要结合调研报告完成单据相关的开发成果，完成工作流模型设计与系统业务绑定的操作，以保证车辆租赁系统中的制单业务时刻处在有效且合理的管控范围之内。在保障系统安全的同时，实现流程简化、客户满意的效益目标。

学习目标

（1）了解企业正常工作流程的含义和存在必要性。
（2）熟悉车辆租赁畅捷集团公司的租车业务流程。
（3）掌握低代码平台工作流模型的设计及其与业务绑定方法。
（4）深刻理解业务流程中不同角色间协作能力的控制逻辑。

任务 12.1　租车单的工作流建设

任务描述

本任务以"车辆租赁系统"为例，使用"工作流管理"可视化功能设计车辆租赁业务的整个流转过程。最终，相应角色的用户可实现制单和审核操作，达到车辆租赁业务正常流转的目的。李同学在实际建设过程中，需要定义工作流模型和设计流程，指定角色或用户来完成业务正常流转。

技术分析

为了在系统中顺利建设租赁单工作流，需要掌握如下操作：
（1）通过编辑模式将"工作流管理"添加至菜单中。
（2）通过单击"新建"定义新的工作流设计模型。
（3）通过开始、人工节点、角色分配、结束设计工作流业务流程。

（4）通过单击"发布"按钮发布租车单据流程设计模型。

任务实现

（1）单击右上角"编辑"按钮进入编辑模式，选择"系统配置"，单击"添加下级"，在绑定应用处搜索"元数据"，找到搜索结果中的"元数据管理"并选中，模块参数处选择"工作流管理"，将标题改为"工作流管理"。

（2）单击"保存"按钮，提示保存成功字样后，单击"发布"按钮，提示"发布成功"后，退出编辑模式。

（3）打开"工作流管理"，单击"新建分组"，标识为 CLZL，名称为"车辆租赁"，如图 12-1 所示。单击"确定"按钮。

视频 ●
定义租赁单工作流模型并完成设计和发布

图 12-1　新建工作流分组

（4）选中分组"车辆租赁"，单击"新建定义"，标识为 CLZL_ZLD，名称为"车辆租赁-租赁单"，模型默认为"工作流模型"，如图 12-2 所示。单击"确定"按钮。

图 12-2　新建工作流模型

（5）单击"设计"按钮进入工作流设计页面，左侧在通用处找到第一个圆圈，鼠标拖动至中间空白处并选中，单击右侧显示的用户头像，会在右侧显示人工节点。

（6）将右侧人工节点"名称"修改为"制单岗"，鼠标滚轮往下滚动，找到"分配用户"功能，单击"增行"，在策略类型处选择"指定角色"，找到车辆租赁旗下的"制单岗"单击确定。

（7）在制单岗的人工节点上单击右侧显示的用户头像，会继续在右侧显示新的人工节点，之后将右侧人工节点"名称"修改为"收费岗"，鼠标滚轮往下滚动，找到"分配用户"功能，单击"增行"，在策略类型处选择"指定角色"，找到车辆租赁旗下的"收费岗"单击确定。

（8）在收费岗的人工节点上单击用户头像，会添加结束节点，如图 12-3 所示。之后单击右上角"保存"按钮，会同时校验整个流程设计的合理性，当提示"校验通过"和"保存设计成功"时，整个流程设计结束。

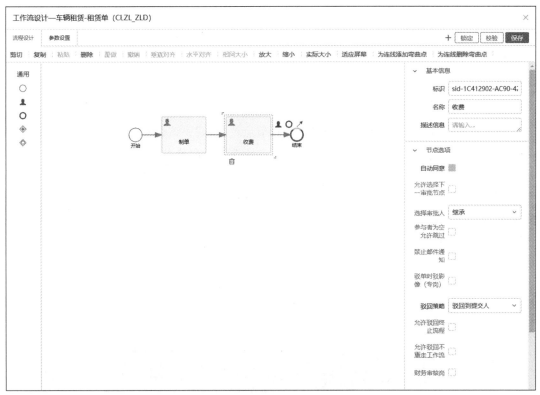

图 12-3　租车工作流设计

（9）退出设计界面后，在工作流管理中单击左上角的"发布"按钮，在弹出的新窗口中将即将发布的"租赁单流程"选中，单击右下角的"发布"按钮，显示发布成功。

相关知识

"工作流管理"功能模块中各功能项的作用以及应用方式复杂多样，概念晦涩抽象，很多同学在任务实现过程中理解困难，此处先就重点概念作详尽阐述。

1. 新建分组

新建分组用于低代码平台中对已定义的不同工作流设计进行分类的方式。在新建时须填写标识、名称，默认上级为"女娲"，也可在分组下继续建立子分组。

2. 新建定义

新建定义用于低代码平台中创建工作流设计的功能，选中分组后可单击"新建定义"进行创建操作。在定义时，须选择分组，并填写标识、名称，模型默认选择"工作流模型"即可，标识要保证唯一。

3. 发布

在将工作流设计完成后，须单击"发布"按钮进行发布，之后才能在"业务与工作流绑定"中显现工作流设计的模块。

4. 设计模块中"开始"节点

所有的工作流设计都要从"开始"节点开始，可以继续以箭头方式布置下一个节点的流程操作。

5. 设计模块中"人工节点"

在工作流设计中，可以在基本信息中设置节点"名称"，该名称既在工作流设计中显示，又在业务与工作流中以多种设置选项中显示，方便选择；在节点选项中可以设置单据驳回策略，默认为"驳回到提交人"，可以修改为"驳回到上一节点"和"驳回到指定节点"，根据不同的配置可以决定单据驳回流转去向；在分配用户中可以单击"增行"来指定当前节点所分配操作人，在新弹出窗口的策略类型中可以选择"指定用户""指定角色指定组织的用户""公式""指定角色指定职员组织的用户""指定角色"，根据选择项不同可以设置不同的审批人和审批方式。

6. 设计模块中"结束"节点

所有的工作流设计都要以此节点结束。

任务 12.2 租车业务与工作流绑定

任务描述

本任务以"车辆租赁系统"为例，使用业务与工作流绑定来设计车辆租赁单在整个流转过程中的必要配置，让业务流程中的角色用户具有审核的权限和操作，实现车辆租赁业务正常流转。李同学在实际建设过程中，需要完成组织机构绑定、角色动作绑定、指定可编辑字段、指定可编辑子表的操作，同时根据角色选择不同的审批界面，实现所有节点审核的操作过程。

技术分析

为了在系统中顺利绑定租车业务与工作流，需要掌握如下操作：

（1）通过编辑模式将"业务与工作流绑定"添加至菜单中。

（2）通过单击绑定业务对象将租赁单与业务工作流绑定。

（3）通过适应条件将车辆租赁公司行政组织机构绑定。

（4）通过动作对制单岗和收费岗进行动作绑定。

（5）通过审批界面将角色岗位绑定默认方案。

任务实现

（1）单击"编辑"按钮进入编辑模式，选择"系统配置"，单击"添加下级"，在绑定应用处搜索"业务"，找到搜索结果中的"业务与工作流绑定"并选中，模块参数处选择"工作流视角"，将标题改为"业务与工作流绑定"。

（2）单击"保存"按钮，提示"保存成功"字样后，单击"发布"按钮，提示"发布成功"后，退出编辑模式。

绑定单据关联业务工作流，并约束组织机构

（3）打开"业务与工作流绑定"，找到之前在"工作流管理"中已发布的"车辆租赁-租赁单"，单击右侧的"+"，选中租赁单，单击"确定"按钮。

（4）在"适应条件"页签中单击"添加组织机构"，将畅捷租赁公司及旗下子公司一并选中，如图12-4所示。单击"确定"按钮。

图12-4 设置"适应条件"配置

（5）在"动作"页签中为"制单岗"和"收费岗"添加首张、上张、下张、末张、打印、查看流程、关闭等动作，如图12-5所示。单击"确定"按钮。

（6）在"审批界面"为"制单岗"和"收费岗"设置界面方案为"默认方案"，单击左侧分组区域中的"保存"按钮，保存该业务与工作流绑定操作的所有配置，如图12-6所示。

设置收费岗动作和岗位的界面方案

图 12-5 为"人工节点"配置相关动作功能

图 12-6 设置审批界面方案

（7）在编辑模式中配置租赁单审核列表：进入编辑模式，在车辆租赁模块下新建一个功能模块标题名为"审批管理"（注意只设置标题即可），之后在"审批管理"下单击"添加下级"，在右侧菜单栏中对其进行配置，绑定应用一栏选择"我的"，绑定模块一栏选择"我的待办"，标题重命名为"待办事项"；再次单击"添加同级"，在右侧菜单栏中绑定应用一栏选择"我的"，绑定模块一栏选择"我的工作流已办"，标题重命名为"已办事项"，如图 12-7 所示。单击"保存"按钮并进行"发布"，退出编辑模式。

图 12-7 单据列表执行功能模块配置

相关知识

为了让同学们更好地理解"业务与工作流绑定"知识概念、实现技巧及注意事项，接下来对业务与工作流绑定任务中的相关配置重点及注意事项进行详细说明。

1. 适应条件

适应条件用于该工作流设计与单据在流转过程中所限制的行政组织单位的范围，单击"添加组织机构"，在新窗口中选择所要绑定的机构数据。

2. 动作

动作用于该工作流设计与单据在流转过程中经手的角色或用户授权操作的权限范围，包括新建、修改、暂存、保存、删除、刷新、首张、上张、下张、末张、打印、增行、删行、清空子表、推式生成、拉式生成、清除引用（拉式生成）、提交、卡片录入、取回、查看流程、同意、驳回、预测流程、废止、导出（子表）、导入（子表）、附件管理、资源下载、关闭、移动端生成校验码、自定义按钮、下一步。

3. 可编辑字段

可编辑字段用于该工作流设计与单据在流转过程中经手的角色或用户授权操作单据主表区域字段的编辑范围，单击"添加可编辑字段"即可配置动作，包括新建、修改、暂存、保存、删除、刷新、首张、上张、下张、末张、打印、增行、删行、清空字表、推式生成、拉式生成、清除引用（拉式生成）、提交、卡片录入、取回、查看流程、同意、驳回、预测流程、废止、导出（字表）、导入（字表）、附件管理、资源下载、关闭、移动端生成校验码、自定义按钮、下一步。

4. 可编辑子表

可编辑子表用于该工作流设计与单据在流转过程中经手的角色或用户授权操作单据子表区域字段的编辑范围，单击左侧的各人工节点进行选择，找到并单击"添加可编辑子表"，弹出选择可编辑的子表名称，选中后单击"确定"按钮，即可实现该人工节点在审核单据中修改子表字段或对子表新增行的操作。

5. 审批界面

审批界面用于该工作流设计与单据在流转过程中经手的角色或用户在审批单据过程中，可以实现不同角色或用户看到不同界面，以达到限制每个审批节点的数据可视范围。单击左侧的各人工节点进行选择，找到并单击"界面方案"下拉框，选择界面方案，该方案来自单据设计中界面处新建的不同方案。

单元考评表

工作流实践考评表

被考评人		考评单元	单元 12 工作流实践	
考评维度		考评标准	权重（1）	得分（0～100）
内容维度	工作流的必备模块	掌握必备模块的作用与使用方法	0.1	
	业务绑定的主要配置	掌握主要配置的流程和目的	0.1	

续表

任务维度	设计租赁单流程设计	新建工作流分组、新建工作流模型、设计租赁工作流、发布流程	0.3	
	绑定租赁单业务流程	绑定组织机构、绑定角色动作、设置人工节点界面方案	0.3	
职业维度	职业素养	能理解任务需求，并在指导下实现预期任务，能自主搜索资料和分析问题	0.1	
	团队合作	能进行分工协作，相互讨论与学习	0.1	
加权得分				
评分规则		A	B	C	D
		优秀	良好	合格	不合格
		86~100	71~85	60~70	60以下
考评人					

单元小结

本单元主要介绍了低代码平台中使用单据实现快速双向可逆的业务流转设计器，掌握和学习了如何在工作流模型中设计出贴合实际的业务工作流程，让单据在权限范围内的不同角色或用户之间实现流转。

在整个设计业务流程的过程中，用到了"工作流管理"和"工作流与业务绑定"两大功能模块。工作流管理主要的作用是定义工作流设计模型并设计单据业务流转，从开始节点起，人工节点设置审批条件，到结束节点止，用鼠标拖动的方式即可实现。而工作流与业务绑定的主要作用是将单据与工作流设计模型进行绑定，组织机构对单据审批范围进行绑定，并对人工审批节点设置动作、可编辑的主表字段、可编辑的子表和设置审批界面进行设置。

单元习题

1. 选择题

（1）在工作流管理中，想要创建分组需要_____。

　　A. 上级、标识、名称

　　B. 上级、名称

　　C. 下级、标识

D. 上级、标识、名称、描述

（2）在工作流管理中，想要定义一个工作流需要_____。

A. 上级、分组、标识、名称

B. 分组、标识、名称、描述

C. 分组、标识、名称、模型

D. 分组、名称、模型、描述

（3）在业务与工作流绑定中，配置不同人工节点自定义审批界面的功能项是_____。

A. 参数取值

B. 可编辑字段

C. 动作

D. 审批界面

（4）业务与工作流绑定中，可以设置的功能项有_____（多选）。

A. 适应条件

B. 参数取值

C. 动作

D. 可编辑字段

E. 审批界面

（5）一张单据想要在不同角色中完成业务流转，需要的功能有_____（多选）。

A. 组织机构数据管理

B. 单据编号管理

C. 工作流管理

D. 业务与工作流绑定

2. 填空题

（1）_____是对业务处理过程的提炼，把有一定规范的业务处理的各个环节、参与者、处理条件与结果抽象出来，在工作流设计中进行绘制，再将_____，提交发起工作流流程审批，并按照既定的流程流转，从而在系统中实现实际工作中的业务过程。

（2）打开工作流管理功能，单击工具栏中的_____按钮，分组默认为左侧鼠标定位分组，标识、名称、模型必填。

（3）单击流程定义操作列中的"设计"按钮，打开工作流设计界面，显示_____与_____两个页签，在流程设计中可以绘制工作流，在参数设置页签中进行参数设置。

（4）工作流定义保存后必须_____才能生效，未发布时修改的信息不生效。流程定义发布后，会产生一个流程定义的_____，其关联的单据或其他业务主体将按该版本的流程定义流转。

（5）工作流与业务绑定功能模块中，想要实现完整的绑定单据实现流程，需要设置_____、_____、_____、_____、_____、_____。

3. 简答题

（1）请描述工作流管理和业务与工作流绑定各自的作用以及它们之间的依存关系。

（2）登录 admin 账号，按照如下要求业务绑定还车单工作流，请用文字描述搭建过程。

①还车单绑定组织机构：畅捷出行集团。

②设置动作：收费岗的修改、保存、首张、上张、下张、末张、同意、驳回、关闭。

③可编辑字段：收费岗的还车日期、费用类别、金额。

④审批界面为默认还车单据界面。

第三篇

分析与实战

大家通力合作完成车辆租赁管理系统之后,老师跟同学们对于低代码平台的使用已经了然于心。经过新一轮需求分析和审核评估后,为给学校信息化建设打下良好的基础,特此允许老师和学生再组织一次系统实战考核任务。分别由两位老师和两位学生组成小组,完成高校访客管理系统和企业新员工管理系统的调研和开发工作。工作分工见表13-1。

表 13-1 工作分工

带队教师	学生	任务
周老师	钱同学	高校访客管理系统调研
玖老师	孙同学	高校访客管理系统开发
常老师	赵同学	企业新员工入职管理系统开发调研
琪老师	李同学	企业新员工入职管理系统开发

单元 13 高校访客管理系统实战

情境引入

周老师和玖老师小组在这次考核任务中负责高校访客管理系统的建设工作，决定由周老师带队到具有"高校产业化基地"的合作企业做高校访客管理系统的调研工作，由玖老师带队完成高校访客管理系统的建设工作。

学习目标

（1）掌握系统需求分析的方法。
（2）掌握高校访客管理系统的业务需求。
（3）掌握使用低代码平台开发的系统流程和步骤。
（4）完成高校访客管理系统功能开发。
（5）完成指定场景的业务系统，提升解决实际问题的能力。

任务13.1 需求说明

任务描述

周老师在与公司产品和开发负责人深入交流系统需求后，了解和体验了访客管理系统，明确了系统的定位及其审核流程，并整理完成了系统的需求规格说明书。回到学校后，玖老师和周老师小组一起召开需求规格说明会议，由周老师介绍并说明系统的功能需求。

"华夏软件学院"作为一所大学，目前的访客管理采用线下管理模式。首先由校内教师根据来访人员信息、任务和访问对象填写访客申请单，经院领导、保卫科审批后，再将审批结果通知来访人员，完成访客信息报备工作。现在为了提高工作效率，需要在低代码平台上实现"访客管理系统"搭建，将原来在线下执行的审批备案流程在软件中实现，并通过相关人员在软件系统中的审批操作，实现访客管理功能。

视频
高校访客管理系统业务背景

任务实现

1. 角色描述

根据上述需求，至少需要为该系统设置三个角色：教师、院领导和保卫科专员，其中教师就是访客业务的申请人，院领导和保卫科专员是访客管理审批节点上的工作人员。最后，为了搭建和运维"高校访客管理系统"业务平台，还需要一个"管理员"角色，负责运维整个低代码业务平台。

（1）管理员：负责业务系统搭建，初始化用户、权限、组织机构等。

（2）院领导：全面负责院行政及财务工作，如访客申请的审批工作。

（3）教师：负责学生的教学及其日常事务管理工作，如访客申请的提交工作。

（4）保卫科专员：负责学校的日常保卫工作，如访客的审批及其审查工作。

角色描述

2. 访客申请流程

【详细设计】在业务流程上，该系统包含以下三个步骤：

（1）"教师"作为申请人，根据访客来访信息填写访客申请单，提交审批，系统自动委托给下一个审批节点的审批负责人"院领导"。

（2）"院领导"审批通过后，系统自动委托给下一个审批节点的审批负责人"保卫科专员"。

（3）"保卫科专员"审批通过后，访客审批流程结束。访客审批流程如图13-1所示。

访客申请流程

图13-1 访客审批流程

【想一想】此处由软件业务工作流设计图代替，功能较为简单，并没有考虑审批不通过的情况，同学们可以自行设计一个包含审批不通过功能的流程图。

【单据设计】访客申请单包含"访客管理"审批所需的全部信息要素，包括单据信息、访客基本信息等内容。本书设计的访客申请单界面及信息要素如图13-2所示。

登录教师账号，完成制单，并查看流程

按次序分别登录院领导和保卫科账号，完成审批

图13-2 访客申请单

任务 13.2 功能树配置

功能树是一种功能菜单的图形表达方式,它可以帮助开发人员有组织地设计和管理软件产品的功能模块。功能树图常用于显示软件产品设计的层次结构,它以树形结构的形式表示产品的总体架构和功能模块之间的关系,以及模块内部的功能关系。为了搭建"高校访客管理系统",需搭建和配置该系统的功能树,构建系统基本功能框架。

任务描述

玖老师和孙同学在完成需求分析之后,制订了工作计划(见表13-2),按照计划将开发中常用功能逐步添加到功能菜单中。

表 13-2 访客系统搭建工作计划

序号	任务	完成天数
1	完成组织机构设计开发	1
2	完成基础数据设计开发	2
3	完成单据设计开发	3
4	完成工作流权限的设计开发	2
5	完成系统的测试工作	1

技术分析

为了实现上述任务,需要掌握如下操作:
(1)通过"编辑模式"按钮,进入编辑模式。
(2)通过"添加同级""添加下级""删除"等按钮完成菜单的创建。
(3)通过选中菜单,在右侧编辑区指定绑定的功能模块。
(4)依次单击"保存""发布"按钮生效菜单配置。

任务实现

1. 创建"高校访客管理系统"和"参数配置"菜单

低代码平台支持同时创建多个业务系统,为了区分管理,需要为"高校访客管理"创建一个单独的功能菜单,以便于统一管理该系统的功能树。具体操作步骤如下:

(1)单击右上角编辑模式图标 ⊘ 进入编辑模式。
(2)单击"新建同级"按钮,创建"高校访客管理系统"菜单。注意:只在标题一项中输入内容即可。
(3)选中"高校访客管理系统"菜单,单击"新建下级"按钮,创建"参数配置"菜单,同样只在标题一项中输入内容。

（4）依次单击"保存""发布"按钮使设置生效。单击"退出"按钮即可看到菜单效果，如图 13-3 所示。

图 13-3　菜单效果

2. 在父级菜单中创建子菜单

创建好"高校访客管理系统"功能树项后，可以在该菜单项下创建下级功能菜单，根据该系统需求，需要在下级依次创建和配置"机构类型管理""机构数据管理""角色管理""用户管理""枚举数据管理""基础数据定义""数据建模""单据管理""单据编号管理""单据列表管理""工作流管理""业务与工作流绑定"。具体操作如下：

配置系统功能树

（1）单击右上角编辑模式图标 进入编辑模式。选中"参数配置"菜单，单击"添加下级"按钮，添加下级菜单，在右侧"基本设置""绑定应用"文本框中输入"机构类型管理"，并选择"机构类型管理"选项，修改标题为"机构类型管理"，依次单击"保存""发布"按钮使设置生效。

（2）选中"参数配置"菜单，单击"添加下级"按钮，添加下级菜单，在右侧"基本设置""绑定应用"文本框中输入"机构数据管理"，并选择"机构数据管理"选项，修改标题为"机构数据管理"，依次单击"保存""发布"按钮使设置生效。

（3）选中"参数配置"菜单，单击"添加下级"按钮，添加下级菜单，在右侧"基本设置""绑定应用"文本框中输入"角色管理"，并选择"角色管理"选项，依次单击"保存""发布"按钮使设置生效。

（4）选中"参数配置"菜单，单击"添加下级"按钮，添加下级菜单，在右侧"基本设置""绑定应用"文本框中输入"用户管理"，并选择"用户管理"选项，依次单击"保存""发布"按钮使设置生效。

（5）选中"参数配置"菜单，单击"添加下级"按钮，添加下级菜单，在右侧"基本设置""绑定应用"文本框中输入"枚举数据管理"，并选择"枚举数据管理"选项，修改标题为"枚举数据管理"，依次单击"保存""发布"按钮使设置生效。

（6）选中"参数配置"菜单，单击"添加下级"按钮，添加下级菜单，在右侧"基本设置""绑定应用"文本框中输入"基础数据定义"，并选择"基础数据定义"选项，修改标题为"基础数据定义"，依次单击"保存""发布"按钮使设置生效。

（7）选中"参数配置"菜单，单击"添加下级"按钮，添加下级菜单，在右侧"基本设置""绑定应用"文本框中输入"数据建模"，并选择"数据建模"选项，修改标题为"数据建模"，依次单击"保存""发布"按钮使设置生效。

（8）选中"参数配置"菜单，单击"添加下级"按钮，添加下级菜单，在右侧"基本设置""绑定应用"文本框中，输入"元数据管理"，并选择"元数据管理"选项，选择"元数据类型"为"单据管理"，修改标题为"单据管理"，依次单击"保存""发布"按钮使设置生效。

（9）选中"参数配置"菜单，单击"添加下级"按钮，添加下级菜单，在右侧"基本设置""绑定应用"文本框中输入"单据"，并选择"单据编号管理"选项，修改标题为"单据编号管理"，依次单击"保存""发布"按钮使设置生效。

（10）选中"参数配置"菜单，单击"添加下级"按钮，添加下级菜单，在右侧"基本设置""绑定应用"文本框中输入"元数据管理"，并选择"元数据管理"选项，选择"元数据类型"为"单据列表管理"，修改标题为"单据列表管理"，依次单击"保存""发布"按钮使设置生效。

（11）选中"参数配置"菜单，单击"添加下级"按钮，添加下级菜单，在右侧"基本设置""绑定应用"文本框中输入"元数据管理"，并选择"元数据管理"选项，选择"元数据类型"为"工作流管理"，修改标题为"工作流管理"，依次单击"保存""发布"按钮使设置生效。

（12）选中"参数配置"菜单，单击"添加下级"按钮，添加下级菜单，在右侧"基本设置""绑定应用"文本框中输入"工作流"，并选择"业务与工作流绑定"选项，修改标题为"业务与工作流绑定"，依次单击"保存""发布"按钮使设置生效。最终功能树效果如图13-4所示。

图 13-4 功能树效果

任务 13.3 创建高校机构类型

任务描述

孙同学在开发高校访客管理系统时，需要创建一个高校机构类型，所有具有类似需求的高校都可以在该机构类型下创建机构数据。孙同学根据"华夏软件学院"的高校机构类型，设计了"华夏软件"高校机构类型，用于不同机构的类型划分。

技术分析

为了实现上述任务，需要掌握如下操作：
（1）通过机构类型管理，进入机构类型管理页面。
（2）通过"新建类型"按钮创建华夏软件类型。

任务实现

要完成高校机构类型的创建，首先进入机构类型新增页面，通过"新建类型"按钮进入，

输入标识和名称,单击"确定"按钮保存数据。具体操作如下:

1. 进入新增机构类型新增页面

(1)单击菜单栏中的"机构类型管理",进入机构类型管理页面。

(2)单击"新建类型"按钮,进入类型添加页面添加类型。

2. 输入机构类型数据

分别输入标识和名称,标识输入 MD_ORG_HXRJ,名称输入"高校",如图 13-5 所示。单击"确定"按钮。

图 13-5 机构类型添加

定义组织机构类型关联机构数据

任务 13.4 创建高校机构数据

任务描述

孙同学在完成创建"高校"的机构类型之后,就可以基于"高校"机构类型来创建一个名为"华夏软件学院"的具体机构,该机构下设保卫科、教务处、学生会三个部门,所以需要创建这些具体的机构数据,并将其和上一个任务中创建的"高校"机构类型绑定。

技术分析

为了实现上述任务,需要掌握如下操作:

(1)通过"机构数据管理"菜单进入数据管理页面。

(2)通过"新建下级"或者"新建同级"创建机构数据。

(3)通过选择"高校"类型,单击"关联创建"将机构数据加入此类型中。

任务实现

要完成创建高校机构数据,通过首页"机构数据管理"菜单进入数据管理页面,通过"新建下级"或者"新建同级"按钮添加华夏软件学院机构以及下属机构,通过"关联创建"按钮完成机构类型的绑定。具体操作如下：

1. 新建华夏软件学院机构

（1）选择"行政组织"选项，之后单击"行政组织"分组，接下来单击"新建下级"按钮，如图 13-6 所示。

图 13-6　新建下级

（2）在右侧表单中，"机构编码"输入 HXRJ，"机构名称"输入"华夏软件学院"，"机构简称"输入"华夏软件"，单击"保存"按钮，保存机构数据。具体参数配置如图 13-7 所示。

图 13-7　录入机构数据

2. 在华夏软件下添加子机构

（1）选中"华夏软件学院"机构，单击"新建下级"按钮；在右侧表单中，输入机构编码 JWC，机构名称"教务处"，机构简称输入"教务处"，如图 13-8 所示。单击"保存"按钮，保存机构数据。

图 13-8　录入机构数据

（2）选中"华夏软件学院"机构，单击"新建下级"按钮；在右侧表单中，输入机构编码 XSH，机构名称"学生会"，机构简称输入"学生会"，单击"保存"按钮，保存机构数据。

（3）选中"华夏软件学院"机构，单击"新建下级"按钮；在右侧表单中，输入机构编码 BWK，机构名称"保卫科"，机构简称输入"保卫科"，单击"保存"按钮，保存机构数据。以上操作的最终结果如图 13-9 所示。

图 13-9　机构数据详情

3. 将组织机构数据和机构类型关联

（1）选择"华夏软件"机构类型，单击"关联创建"按钮，如图 13-10 所示。

图 13-10　选择"华夏软件"机构类型

（2）选中刚刚创建的所有数据，单击"确定"按钮，关联创建机构数据完成。

任务 13.5　设计访客业务相关角色

任务描述

孙同学在完成组织机构设计之后，接下来需要考虑为该机构设计访客申请审批流程。根据上文分析的具体需求，访客申请审批流程首先应由教师提交访客申请单，交由学院领导审批，再由保卫科最终审批。因此，本任务创建教师、院领导和保卫科专员三个角色。

技术分析

为了实现上述任务，需要掌握如下操作：

（1）通过"角色管理"菜单，进入角色列表页面。
（2）通过"新增"创建"华夏"分组。
（3）通过"新增"按钮在"华夏"分组下分别创建教师、院领导、保卫科专员三个角色。

任务实现

完成创建角色，首先需要创建角色分组，然后在此分组下，通过"新建"按钮创建相关的角色。此次任务需要创建教师、院领导、保卫科专员三个角色。具体操作如下：

1. 创建角色分组

（1）单击"角色管理"菜单，进入"角色列表"管理页面。
（2）选择"全部角色"，单击"新增"按钮，弹出"添加分组"页面，"分组名称"输入"华夏软件"，如图 13-11 所示。单击"确定"按钮保存数据。

图 13-11　创建角色分组

2. 创建角色

（1）选择"华夏软件"分组，单击"新增"按钮进入添加角色页面，角色标识输入 HXYLD，角色名称输入"院领导"，所属分组选择"华夏软件"，角色描述输入"院领导"，如图 13-12 所示。单击"确定"按钮，保存数据。

视频
创建角色

图 13-12　创建角色

（2）选择"华夏软件"分组，单击"新增"按钮进入添加角色页面，角色标识输入 HXBWKZY，角色名称输入"保卫科专员"，所属分组选择"华夏软件"，角色描述输入"保卫科专员"，单击"确定"按钮，保存数据。

（3）选择"华夏软件"分组，单击"新增"按钮进入添加角色页面，角色标识输入 HXJS，角色名称输入"教师"，所属分组选择"华夏软件"，角色描述输入"教师"，单击"确定"按钮，保存数据。

任务 13.6　设计访客业务工作流

任务描述

孙同学设计完成角色以后，接下来开始设计访客申请的审批流程，明确各个负责人的审批顺序和规则。由教师填写完成访客申请信息之后，由各个负责人来完成审批。

技术分析

为了实现上述任务，需要掌握如下操作：

（1）通过"工作流管理"菜单进入工作流管理页面。

（2）通过"新建分组"，创建"华夏"分组。

（3）通过"新建定义"创建访客申请单定义。

（4）通过"设计"按钮，进入工作流设计页面。

（5）通过提供的"流程"按钮，设计完成访客申请单的审批流程。

任务实现

为完成工作流的创建，首先需先创建工作流分组，然后在此分组下创建工作流，最后在设计页面通过拖动的方式完成工作流的设计。任务中要完成三个节点的设计，分别是关于教师、院领导、保卫科的审批节点。具体操作如下：

1. 创建分组

（1）单击"工作流"菜单，进入"工作流管理"页面。

（2）单击"新建分组"，进入"添加分组"页面，标识输入 HX，名称输入"华夏"，如图 13-13 所示。单击"确定"按钮保存数据。

图 13-13　工作流分组

2. 设计单据工作流

（1）选择"华夏"分组，单击"新建定义"按钮，进入"定义编辑"页面，标识输入 HX_FKSQD，名称输入"访客申请单流程"，单击"确定"按钮，保存数据。

（2）单击"访客申请单流程"后的"设计"按钮，进入"工作流设计"页面。

（3）单击"开始 ○"，拖动到中间的编辑器，单击"○"，之后单击旁边的"👤"按钮，添加节点，依次添加三个节点，如图 13-14 所示。

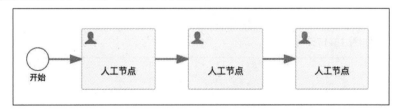

图 13-14　创建工作流节点

设计访客业务审批流程

（4）选中最后一个节点，之后单击旁边的"○"，添加"结束"节点，效果如图 13-15 所示。

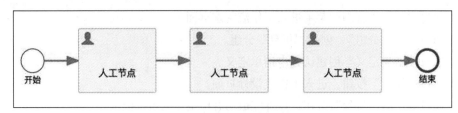

图 13-15 工作流结束节点

（5）单击第一个节点，在右侧会出现节点的编辑窗口，在"基本信息"下，将名称修改为"教师填写访客申请单"，在"分配用户"栏目下，单击"增行"按钮，策略类型选择"指定角色"，之后角色选择"教师"，如图 13-16 所示。单击"确定"按钮保存数据。

图 13-16 选择策略

（6）同理，单击第二个节点，在右侧会出现节点的编辑窗口，在"基本信息"下，将名称修改"院领导审批"，在"分配用户"下，单击"增行"按钮，策略类型选择"指定角色"，之后角色选择"院领导"，单击"确定"按钮保存数据。

（7）同理，单击第三个节点，在右侧会出现节点的编辑窗口，在"基本信息"下，将名称修改为"保卫科审批"，在"分配用户"下，单击"增行"按钮，策略类型选择"指定角色"，之后角色选择"保卫科专员"，单击"确定"按钮保存数据。

审批流程图如图 13-17 所示。

图 13-17 审批流程图

任务 13.7　创建访客业务枚举数据

任务描述

在申请单设计这一重要环节，孙同学突然想到填写访客申请单录入个人信息时，可能会出现用户填写不规范造成的数据混乱问题。为了解决这些问题，就需要将访问类型和性别等信息等作为基础数据，只允许用户通过下拉列表选择的方式进行填写。因此，本任务要实现将访问类型和性别作为枚举数据。

技术分析

为了实现上述任务，需要掌握如下操作：

（1）通过"枚举数据管理"菜单，进入枚举数据管理页面。

（2）通过"新建"按钮，进入新建页面，创建访问类型数据，相同类型的枚举数据，类型和描述输入一致。

任务实现

添加枚举数据需要通过"新建"按钮进入数据新增页面，在页面中分别输入名称、值、类型以及描述信息，单击"确定"按钮保存数据。具体操作如下：

（1）单击"枚举数据管理"菜单，进入枚举数据管理页面。

（2）单击"新建"按钮，进入"新建"页面；在"名称"文本框中输入"访问交流"、"值"文本框中输入 1，"类型"文本框中输入 EM_FWLX，"描述"文本框中输入"访问类型"，如图 13-18 所示。单击"确定"按钮，保存数据。

图 13-18　访问类型枚举

（3）同理，单击"新建"按钮，进入新建页面；在"名称"文本框中输入"探亲"，"值"文本框中输入2，"类型"文本框中输入EM_FWLX，"描述"文本框中输入"访问类型"，单击"确定"按钮，保存数据。

（4）同理，单击"新建"按钮，进入新建页面；在"名称"文本框中输入"邀请"，"值"文本框中输入3，"类型"文本框中输入EM_FWLX，"描述"文本框中输入"访问类型"，单击"确定"按钮，保存数据。效果如图13-19所示。

视 频

添加访问类型、性别枚举数据

	序号	名称	值	类型	描述	状态	操作
☐	1	访问交流	1	EM_FWLX	访问类型	正常	修改 | 删除
☐	2	探亲	2	EM_FWLX	访问类型	正常	修改 | 删除
☐	3	邀请	3	EM_FWLX	访问类型	正常	修改 | 删除

图 13-19　访问类型

（5）单击"新建"按钮，进入新建页面；在"名称"文本框中输入"男"，"值"文本框中输入1，"类型"文本框中输入EM_SEX，"描述"文本框中输入"性别"，如图13-20所示。单击"确定"按钮，保存数据。

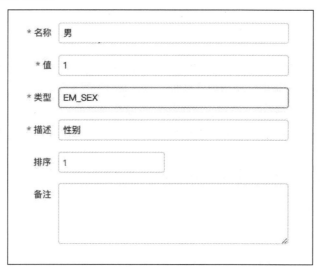

图 13-20　录入性别

（6）单击"新建"按钮，进入新建页面；在"名称"文本框中输入"女"，"值"文本框中输入2，"类型"文本框中输入EM_SEX，"描述"文本框中输入"性别"，单击"确定"按钮，保存数据。性别数据如图13-21所示。

	序号	名称	值	类型	描述	状态	操作
☐	1	男	1	EM_SEX	性别	正常	修改 | 删除
☐	2	女	2	EM_SEX	性别	正常	修改 | 删除

图 13-21　性别数据

任务 13.8　创建访客业务基础数据

任务描述

由于联系人信息源于教职工信息，在录入个人信息的时候，需要录入联系人信息。为了防止用户随意填写不规范数据，孙同学同样也将联系人信息设置为了基础数据。

技术分析

为了实现上述任务，需要掌握如下操作：
（1）通过"新建分组"创建"华夏"分组。
（2）通过"新建定义"按钮创建教职工基础数据。
（3）通过编辑模式功能创建信息管理菜单，并通过提供的基础数据执行功能绑定教职工信息。

任务实现

此任务是完成基础数据的创建，需要创建分组，在分组下通过"新建定义"按钮进入基础添加页面，填写完成相关信息之后通过"设计"按钮进入设计页面，完成基础数据的建设。具体操作如下：

1. 创建分组

单击"新建分组"，创建"华夏"分组，标识为 HX，名称为"华夏"，单击"确定"按钮保存数据。具体参数配置如图 13-22 所示。

图 13-22　创建分组

2. 创建教职工基础数据

（1）单击"新建定义"按钮，进入基础数据创建页面；标识输入 MD_JZG，名称输入"教职工"，如图 13-23 所示。单击"确定"按钮保存数据。

图 13-23 新建基础数据

视 频

定义教职工基础数据

（2）单击"设计"按钮，进入设计页面，在"字段维护"栏目中，单击"新建字段"按钮添加联系电话字段，标识输入 LXDH，名称输入"联系电话"，类型选择"字符型"，长度输入 32，单击"确定"按钮保存数据。

（3）将原有字段的"代码"改为"编号"，"名称"改为"姓名"。

（4）单击"展示配置"按钮，进入"展示配置"栏目，单击"选择字段"按钮，进入字段选择页面，勾选"联系电话"字段，单击"确定"按钮添加字段；之后将"联系电话"字段的"显示列"属性设置为"显示"，如图 13-24 所示。单击"确定"按钮保存设计。

图 13-24 展示配置

（5）单击"执行"按钮，通过"新建"按钮分别添加"张三""李四""王五""赵六"等教职工数据。

（6）进入"编辑模式"，选中"高校访客管理系统"菜单，单击"新建下级"按钮。在右侧菜单栏中对其进行配置，绑定应用一栏选择"基础数据"，绑定模块一栏选择"基础数据执行"，标题命名为"教职工管理"，模块参数一栏基础数据选择新建好的"教职工（MD_JZG）"基础数据定义，单击"保存"按钮并进行"发布"，退出编辑模式。

任务 13.9 设计访客申请单业务模型

任务描述

孙同学在设计完成基础数据之后,接下来会根据需求说明,设计访客申请单单据的内容信息,其中包括姓名、年龄、性别、联系方式、所属单位、职务、访问类型、联系人、联系人电话、事由、到达日期、离开日期、来访人数、来访车辆数、来访车辆车牌号等。此任务实际上是设计单据的数据模型,用于保存访客单据的相关信息。

技术分析

为了实现上述任务,需要掌握如下操作:
(1)通过"数据建模"菜单,进入数据建模页面。
(2)通过"新建分组"页面,创建"华夏"分组。
(3)通过"新建定义"按钮,进入数据定义页面,分别定义主子表模型。
(4)通过"新建字段"按钮,分别创建固定的信息字段。

任务实现

数据建模是系统建设中非常重要的一环,要完成此项任务,首先需要创建分组,然后在此分组下通过"新建定义"按钮进入数据定义页面,根据任务 13.1 设计的需求定义主子表模型,根据需求添加相关的字段信息,字段要求见表 13-3。

表 13-3 字段信息

字段编号	字段名称	字段类型	关联数据
XM	姓名	字符串	
LXDH	联系电话	字符型	
LN	年龄	字符型	
XB	性别	字符型	关联枚举数据"性别"
SZDW	所在单位	字符型	
ZW	职务	字符型	
FWLX	访问类型	字符型	关联枚举数据"访问类型"
LXR	联系人	字符型	关联基础数据"教职工"
LXRDH	联系人电话	字符型	
SY	事由	字符型	

续表

字段编号	字段名称	字段类型	关联数据
DDRQ	到达日期	日期时间型	
LKRQ	离开日期	日期时间型	
LFRS	来访人数	整数型	
LFCLS	来访车辆数	整数型	
LFCLCPH	来访车辆车牌号	字符型	

1. 创建分组

（1）单击"数据建模"菜单，进入数据建模页面。

（2）单击"新建分组"按钮，创建"华夏"分组，标识为HX，名称为"华夏"，如图13-25所示。单击"确定"按钮保存数据。

图13-25 新建分组

设计访客主表

2. 创建访客申请单主表

单击"新建定义"按钮，进入主表创建页面，"标识"输入FKSQD，"名称"输入"访客申请单"，"类型"选择"单据"，"表类型"选择"单据主表"，如图13-26所示。单击"确定"按钮保存数据。

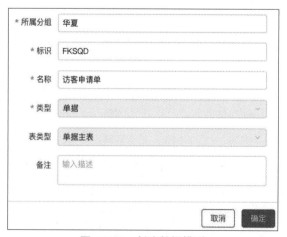

图13-26 创建数据模型

3. 维护访客申请单字段

（1）找到新创建的定义"访客申请单"，单击"字段维护"按钮，进入字段维护页面。

（2）创建"性别"字段，单击"新增字段"按钮，标识输入 XB，"名称"输入"性别"，"类型"选择"字符型"，"关联类型"选择"枚举类型"，"关联属性"选择"EM_SEX 性别"，如图 13-27 所示。单击"确定"按钮保存数据。

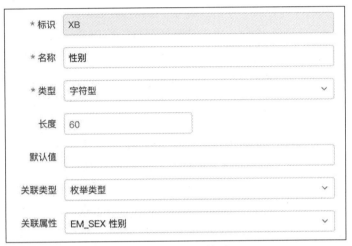

图 13-27　录入性别

（3）创建"联系人"字段，单击"新增字段"按钮，标识输入 LXR，名称输入"联系人"，类型选择"字符型"，关联类型选择"基础数据"，关联属性选择"MD_JZG 教职工"，如图 13-28 所示。单击"确定"按钮保存数据。

图 13-28　录入联系人字段

（4）创建"姓名"字段，单击"新增字段"按钮，标识输入 XM，名称输入"姓名"，类型选择"字符型"，长度设置为 32，单击"确定"按钮保存数据。

（5）创建"联系电话"字段，单击"新增字段"按钮，标识输入 LXDH，名称输入"联系电话"，类型选择"字符型"，长度设置为 32，单击"确定"按钮保存数据。

（6）创建"年龄"字段，单击"新增字段"按钮，标识输入 NL，名称输入"年龄"，类型选择"整数型"，单击"确定"按钮保存数据。

（7）创建"所在单位"字段，单击"新增字段"按钮，标识输入 SZDW，名称输入"所在单位"，类型选择"字符型"，长度设置为 32，单击"确定"按钮保存数据。

（8）创建"职务"字段，单击"新增字段"按钮，标识输入 ZW，名称输入"职务"，类型选择"字符型"，长度设置为 32，单击"确定"按钮保存数据。

（9）创建"联系人电话"字段，单击"新增字段"按钮，标识输入 LXRDH，名称输入"联系人电话"，类型选择"字符型"，长度设置为 32，单击"确定"按钮保存数据。

（10）创建"访问类型"字段，单击"新增字段"按钮，标识输入 FWLX，名称输入"访问类型"，类型选择"字符型"，关联类型选择"枚举类型"，关联属性选择"EM_FWLX 访问类型"，单击"确定"按钮保存数据。

（11）创建"事由"字段，单击"新增字段"按钮，标识输入 SY，名称输入"事由"，类型选择"字符型"，长度设置为 128，单击"确定"按钮保存数据。

（12）创建"到达日期"字段，单击"新增字段"按钮，标识输入 DDRQ，名称输入"到达日期"，类型选择"日期时间型"，单击"确定"按钮保存数据。

（13）创建"离开日期"字段，单击"新增字段"按钮，标识输入 LKRQ，名称输入"离开日期"，类型选择"日期时间型"，单击"确定"按钮保存数据。

（14）创建"来访人数"字段，单击"新增字段"按钮，标识输入 LFRS，名称输入"来访人数"，类型选择"整数型"，单击"确定"按钮保存数据。

（15）创建"来访车辆数"字段，单击"新增字段"按钮，标识输入 LFCLS，名称输入"来访车辆数"，类型选择"整数型"，单击"确定"按钮保存数据。

（16）创建"来访车辆车牌号"字段，单击"新增字段"按钮，标识输入 LFCLCPH，名称输入"来访车辆车牌号"，类型选择"字符型"，长度设置为 32，单击"确定"按钮保存数据。

（17）单击"保存"按钮，保存创建的字段信息。

（18）单击"发布"按钮，使创建的数据模型生效，如图 13-29 所示。

17	XM	姓名	字符型			32	0	修改	删除
18	LXDH	联系电话	字符型			32	0	修改	删除
19	NL	年龄	整数型			10	0	修改	删除
20	XB	性别	字符型	枚举	EM_SEX.VAL	60	0	修改	删除
21	SZDW	所在单位	字符型			32	0	修改	删除
22	ZW	职务	字符型			32	0	修改	删除
23	FWLX	访问类型	字符型	枚举	EM_FWLX.VAL	60	0	修改	删除
24	LXR	联系人	字符型	基础数据	MD_JZG.OBJECTCODE	200	0	修改	删除
25	LXRDH	联系人电话	字符型			32	0	修改	删除
26	SY	事由	字符型			100	0	修改	删除
27	DDRQ	到达日期	日期时间型			0	0	修改	删除
28	LKRQ	离开日期	日期时间型			0	0	修改	删除
29	LFRS	来访人数	整数型			10	0	修改	删除
30	LFCLS	来访车辆数	整数型			10	0	修改	删除
31	LFCLCPH	来访车辆车牌号	字符型			20	0	修改	删除

图 13-29　字段列表

任务 13.10 设计访客申请单数据约束

任务描述

在"高校访客职管理系统"建设的过程中，孙同学已经具有访客申请单的数据模型。接下来需要对访客申请单界面进行设计，其中访客申请单界面中的内容不允许用户随意填写，可以通过选择不同的界面组件来对输入的内容进行限制。

技术分析

为了实现上述任务，需要掌握如下操作：
（1）通过"单据管理"菜单进入单据管理页面。
（2）通过"新建分组"按钮创建"华夏"分组。
（3）通过"新建定义"按钮创建访客申请单。
（4）通过定义列表中的"设计"按钮进入单据的详情配置页面。
（5）通过"选择主表"按钮，选择访客申请单作为单据的主表。
（6）通过字段的"属性"按钮，进行约束的创建。

任务实现

数据模型设计完成以后，需要根据需求的设计单据中各个数据的约束，不允许用户随意填写信息，具体的约束信息见表13-4。

表13-4 约束信息

字段编号	字段名称	约束	描述
XM	姓名	必填并且姓名长度为2-8位	姓名请输入2-8位的汉字或者字母
LXDH	联系电话	—	
NL	年龄	—	
XB	性别	—	
SZDW	所在单位	必填	
ZW	职务	必填	
FWLX	访问类型	必填	
LXR	联系人	必填	
LXRDH	联系人电话	必填，联系人电话来源于所选联系人	联系人电话来源于所选联系人
SY	事由	必填	

续表

字段编号	字段名称	约束	描述
DDRQ	到达日期	必填	
LKRQ	离开日期	必填	
LFRS	来访人数	必填	

1. 新建分组

（1）单击"单据管理"菜单，进入单据管理页面。

（2）单击"新建分组"，标识输入 HX，名称输入"华夏"，如图 13-30 所示。单击"确定"按钮保存数据。

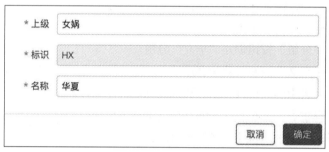

图 13-30 新建分组

2. 新建定义

单击"新建定义"按钮，进入新建定义页面，标识输入 HX_FKSQD，名称输入"访客申请单"，模型选择"基类 -VA 单据模型"，如图 13-31 所示。单击"确定"按钮保存数据。

图 13-31 创建访客申请单

3. 设计单据约束

（1）单击"访客申请单"数据中的"设计"按钮，进入"单据设计"页面，单击"选择主表"按钮，选择"访客申请单"模型为主表数据，如图 13-32 所示。单击"确定"按钮保存数据。

图 13-32 选择单据主表

（2）选择底部的"访客申请单"，进入字段的约束配置页面，将"单据日期"字段的名称修改为"申请日期"，此外，将姓名、联系电话、所在单位、职务、访问类型、联系人、联系人电话、事由、到达日期、离开日期、来访人数都设置为"必填"，如图 13-33 所示。

17	XM	姓名	字符型		32				刷行	属性
18	LXDH	联系电话	字符型		32				刷行	属性
19	NL	年龄	整数型						刷行	属性
20	XB	性别	字符型	枚举	60	EM_SEX			刷行	属性
21	SZDW	所在单位	字符型		32				刷行	属性
22	ZW	职务	字符型		32				刷行	属性
23	FWLX	访问类型	字符型	枚举	60	EM_FWLX			刷行	属性
24	LXR	联系人	字符型	基础数据	200	MD_JZG			刷行	属性
25	LXRDH	联系人电话	字符型		32				刷行	属性
26	SY	事由	字符型		100				刷行	属性
27	DDRQ	到达日期	日期时间型						刷行	属性
28	LKRQ	离开日期	日期时间型						刷行	属性
29	LFRS	来访人数	整数型						刷行	属性
30	LFCLS	来访车辆数	整数型						刷行	属性
31	LFCLCPH	来访车辆车牌号	字符型		20				刷行	属性

表定义　访客申请单(FKSQD)

图 13-33 字段必填约束

（3）找到"姓名字段"，单击"属性"按钮，进入约束配置页面；单击"值校验"文本框中☒按钮，进入公式编辑页面。在编辑器输"Len（FKSQD[XM]）>=2 and Len（FKSQD[XM]）<=8"，提示信息框输入"姓名请输入 2-8 位的汉字或者字母"，如图 13-34 所示。单击"确定"按钮，保存数据。

图 13-34 姓名约束

（4）找到"联系人电话字段"，单击"属性"按钮，进入约束配置页面；单击"计算值"文本框中☒按钮，进入公式编辑页面。在编辑器输"GetRefTableDataField（FKSQD[LXR], MD_JZG[LXDH]）"，如图 13-35 所示。单击"确定"按钮，保存数据。

图 13-35 联系人电话约束

视频

设计访客主表约束

任务 13.11　实现访客申请单页面

任务描述

完成"高校访客管理系统"对访客申请单填写内容的限制之后,接下来孙同学需要设计访客申请单的界面效果。根据单据的内容信息,排版设计了一个单据界面效果图,如图 13-36 所示。

图 13-36　单据效果

技术分析

为了实现上述任务,需要掌握如下操作:
(1)通过单据"访客申请单"的"设计"按钮,进入设计页面。
(2)通过"界面"按钮,切换到界面编辑页面。
(3)通过界面模板选择模板,进行界面设计。
(4)通过主表区域、网格控件、面板、表格录入等组件及其属性配置完成访客申请界面的设计。

任务实现

此任务是完成访客申请单的设计,通过"设计"按钮进入单据设计页面,在页面中通过拖动的方式完成工具栏、单据信息、访客信息、事由信息的页面设计工作。具体操作如下:

1. 设计工具栏

(1)单击访客申请单数据的"设计"按钮进入设计页面,并单击"界面"按钮进入界面编辑页面。

（2）单击界面"模板"按钮，选择"空模板"，单击"确定"按钮，加载模板进入编辑区。

（3）单击左侧的"控件"栏目，拖动"容器"组件进入编辑区，选中"容器"组件，在右侧编辑区单击"布局项"栏目，"内边距"修改为10。

（4）单击左侧的"控件"栏目，拖动"工具栏"组件进入编辑区，选中"工具栏"组件，在右侧编辑区"功能项"栏目中，单击"功能列表"后的"设置"按钮进入设置页面，选择新建、修改、暂存、保存、删除、刷新、提交、取回、查看流程选项于目标列表，如图13-37所示。单据"确定"按钮保存数据。

图13-37　工具栏设计

2. 设计单据信息

（1）单击左侧的"控件"栏目，拖动"容器"组件进入编辑区放于"工具栏"组件之后，选中"容器"组件，在右侧编辑区单击"布局项"栏目，"内边距"修改为10。

（2）单击左侧的"控件"栏目，拖动"面板"组件进入编辑区，选中"面板"组件，在右侧编辑区"功能项"栏目中将"标题"修改为"单据信息"。

（3）单击左侧的"控件"栏目，拖动"主表区域"进入编辑区，选中"主表区域"，在右侧编辑区"功能项"栏目中，单击选择字段后的"设置"按钮进入设置页面，如图13-38所示。选择单据编号、申请日期、创建人，单击"确定"按钮保存数据。

图13-38　单据信息设计

3. 设计访客信息

（1）单击左侧的"控件"栏目，拖动"容器"组件进入编辑区放于"单据信息组件"之后，选中"容器"组件，在右侧编辑区单击"布局项"栏目，"内边距"修改为10。

（2）在左侧"控件区"找到"面板"组件，单击选中"面板"并拖动到"单据信息"下，"标题"修改为"访客信息"。在左侧"控件区"找到"主表区域"组件，单击选中"主表区域"并拖动到"访客信息面板"中。

（3）选中"访客信息面板"下的"主表区域"，在"功能项"菜单中选择"字段项"，单击"设置"按钮，进入字段设置页面。按照顺序选择姓名、年龄、性别、联系电话、所在单位、职务、访问类型、联系人、联系人电话、到达日期、离开日期、来访人数、来访车辆数、来访车辆车牌号，如图13-39所示。单击"确定"按钮保存数据。

图 13-39　访客信息设计

4. 设计事由信息

设计访客申请单事由信息

（1）单击左侧"控件"栏目，拖动"容器"组件进入编辑区放于"访客信息"组件之后，选中"容器"组件，在右侧编辑区单击"布局项"栏目，内边距修改为 10。

（2）在左侧"控件"栏目单击选中"面板组件"并拖动到"访客信息"下，"标题"修改为"事由"。在左侧"控件"栏目单击选中"主表区域"并拖动到"事由面板"中。

（3）选中"事由面板"下的"主表区域"，在"功能项"菜单中选择"字段项"，单击"设置"按钮，进入字段设置页面。选择"事由"，单击"确定"按钮保存数据。

（4）选中写有"事由"的文本列，单击"DELETE"按钮删除此列，之后选中"事由"文本框，在右侧编辑区"功能项"栏目中将"输入类型"修改为"文本"。

（5）选中"事由面板"中的"主表区域"，在右侧编辑区"布局项"栏目中，单击"网格信息"后面的"高级"按钮，在"行信息配置"栏目中单据"增加"按钮，添加一行数据，单击"确定"按钮保存数据。

（6）选中"事由"文本框，在右侧编辑区"布局项"栏目中，将"列标"改为 0，"跨列"改为 4，"跨行"改为 2，如图 13-40 所示。单击右上角的"保存"按钮保存数据。

图 13-40　网格布局

（7）关闭设计窗口，单击"发布"按钮，使修改的单据数据生效。

任务 13.12 实现访客申请单打印

任务描述

孙同学梳理了一下访客申请的需求,发现访客在填写完成访客申请单之后,单据会流经各个相关负责人审批,审批通过以后,会将员工的访客申请单打印,交给访客本人签字确认,完成访客申请确认流程。那么,就需要设计访客申请单的打印模板,为访客申请单打印签字提供辅助。

技术分析

为了实现上述任务,需要掌握如下操作:
(1)通过单据"访客申请单"的"设计"按钮,进入设计页面。
(2)通过"打印"按钮,切换到打印编辑页面。
(3)通过"快速生成模板"按钮,生成打印模板。
(4)通过"打印预览"按钮查看打印效果。

任务实现

访客申请单创建完成之后,需要设计申请单的打印模板,首先通过打印按钮进入模板设计页面,通过"快速生成模板"按钮,完成打印模板的设计。具体操作如下:

(1)单击访客申请单数据的"设计"按钮进入设计页面,并单击"打印"按钮进入打印编辑页面。

(2)单击右上角的"快速生成模板"按钮,如图 13-41 所示,添加打印模板。

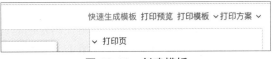

图 13-41 创建模板

设计访客申请单打印模板

(3)单击右上角的"打印预览"查看打印效果。
(4)单击"保存"按钮保存单据数据。

任务 13.13 实现访客申请单自动编号

任务描述

为统一管理访客信息单据,需要为每个单据设计一个识别码,以区分单据的唯一性。孙同学接下来需要设计一种规则,来生成具有唯一性和不重复性的识别码,标记不同的访客信息单据。

技术分析

为了实现上述任务，需要掌握如下操作：

（1）通过菜单"单据编号管理"，进入管理页面。

（2）通过"华夏"分组下的访客申请单进入编辑页面。

（3）通过"编辑"按钮，编辑编号方案。

（4）通过编辑编号方案对话框，定义常量、机构代码、自定义日期、生成时机完成编号的配置。

任务实现

此任务是完成单据编号的设计，通过"单据编号管理"，进入管理页面之后，通过常量、机构代码、自定义维度、年月、自定义日期、流水号等属性设计完成单据编号的生成。具体操作如下：

1. 进入单据编号编辑页面

（1）单击菜单"单据编号管理"，进入管理页面。

（2）单击"华夏"分组下的"访客申请单"，进入编号编辑页面。

（3）单击"编辑"按钮，开始"单据编号"的编辑，如图 13-42 所示。

图 13-42　单据编号设置

2. 编辑单据编号

在"单据编号编辑"页面，常量输入 FKSQD，机构代码左侧起设置为 1，时间格式选择 yyMMdd，生成时机选择"新建时"，如图 13-43 所示。单击"保存"按钮，保存数据。

设计访客申请单自动编号生成

图 13-43　单据编号设计

任务 13.14　实现访客申请单列表展示

任务描述

孙同学认为该访客管理系统需要有访客信息的管理和查询功能，于是与周老师和玖老师开会讨论这个问题，最后决定设计一个访客信息查询页面，以便更方便地管理访客信息。

技术分析

为了实现上述任务，需要掌握如下操作：
（1）通过"新建分组"按钮创建"华夏"分组。
（2）通过"新建定义"按钮，创建单据列表定义。
（3）通过创建单据列表定义中的"设计"按钮，进入列表设计页面。
（4）通过在查询列分栏中选择主表、选择字段功能，规定列表中显示的列信息。
（5）通过在查询条件分栏中的单据定义和新建参数功能设计查询参数。

任务实现

要完成单据列表功能的设计，需首先创建分组，然后在分组下创建单据列表定义，设计单据列表及其查询条件，最后通过编辑模式将单据列表加入到菜单列表中。具体操作如下：

1. 新建分组

单击"新建分组"按钮，进入分组添加页面，标识输入 HX，名称输入"华夏"，如图 13-44 所示。单击"确定"按钮，保存数据。

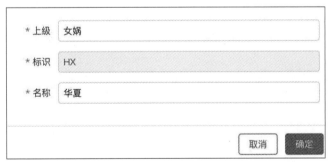

图 13-44　新建分组

2. 创建单据列表定义

单击"新建定义"按钮，进入定义添加页面，分组选择"华夏"，标识输入 FKSQDLB，名称输入"访客申请单列表"，模型选择"单据列表模型"，如图 13-45 所示。单击"确定"按钮，保存数据。

图 13-45 创建访客申请单列表

定义单据列表实现绑定查询列展示

3. 设计单据列表

（1）单击"访客申请单"数据中的"设计"按钮，进入单据列表设计页面。

（2）在"查询列"栏目中单击"单据主表"文本框，选择"访客申请单"主表，如图 13-46 所示。单击"确定"按钮保存数据。

图 13-46 选择主表

（3）单击选择"字段"按钮，选择需要展示的字段，需要选择姓名、年龄、性别、联系电话、所在单位、职务、访问类型、联系人、联系人电话、事由、到达日期、离开日期、来访人数字段，如图 13-47 所示。单击"确定"按钮保存数据。

图 13-47 选择展示字段

4. 设计查询条件

（1）切换到"查询条件"栏目，单击"单据定义"后的"文本框"，选择"访客申请单"定义，如图 13-48 所示。单击"确定"保存数据。

图 13-48　选择条件主表

（2）单击"新建参数"按钮，选择姓名、联系电话、所在单位、职务、访问类型、联系人、事由、到达日期、离开日期作为查询条件；各个字段的默认值都删除，如图 13-49 所示。单击"确定"按钮保存数据。

图 13-49　新建参数

（3）单击"保存"按钮，保存单据列表定义；单击"发布"按钮，选择"访客申请单"，使数据生效。

5. 设计工具栏

切换到工具栏栏目，单击"添加动作"按钮，选择新建、修改、删除、查看、关闭，如图 13-50 所示。单击"确定"按钮，保存数据。

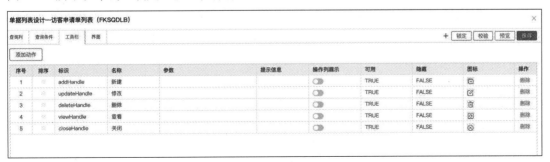

图 13-50　工具栏

6. 编辑菜单

（1）进入"编辑模式"，在"访客管理"菜单下单击"新建下级"，在"绑定模块"中输入"单据执行"并选中，"标题"输入"访客申请"，"单据定义"选择"访客申请单"，如图 13-51 所示。单击"保存"和"发布"按钮生效菜单。

（2）进入"编辑模式"，在"访客管理"菜单下创建"访客管理菜单"，在"绑定模块"中输入"单据列表执行"并选中，标题输入"访客列表管理"，单据列表定义选择"访客申请单列表"，如图 13-52 所示。单击"保存"和"发布"按钮生效菜单。

视频

编辑单据列表执行

图 13-51 访客申请菜单

图 13-52 菜单访客列表

（3）选中"访客管理"菜单，单击"新建"下级按钮，创建菜单，在"绑定应用"文本框中输入"待办"，"绑定模块"输入"我的驳回待办"查询并选中，将"标题"修改为"驳回事项"，如图 13-53 所示。

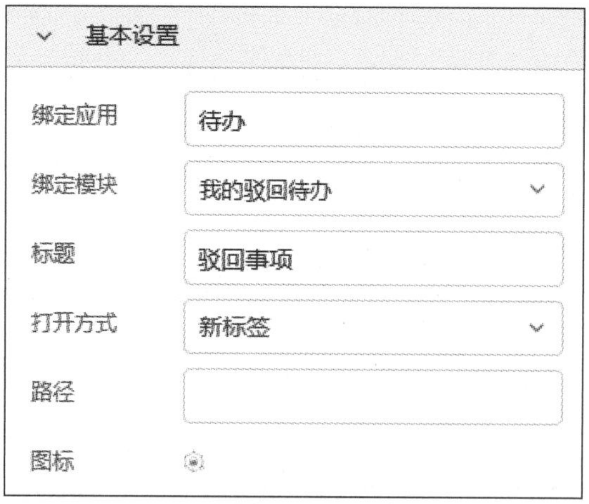

图 13-53 菜单驳回事项

任务 13.15 实现访客申请单与工作流绑定

任务描述

高校访客管理系统完成访客申请单的设计之后，孙同学需要将访客申请单单据和工作流进行绑定，从而完成访客申请单的审批业务。

技术分析

为了实现上述任务，需要掌握如下操作：

（1）通过"业务与工作流绑定"菜单，进入管理页面。
（2）通过"工作流绑定"按钮，将业务与工作流绑定。
（3）通过"添加组织机构"按钮，选择此业务关联的组织机构。

任务实现

单据设计完成以后，需要将业务与工作流绑定，通过"业务与工作流绑定"菜单，进入管理页面，通过右上角的"+"号添加访客申请单，指定组织机构类型即可完成绑定。具体操作如下：

（1）单击"业务与工作流绑定"菜单，进入管理页面。
（2）单击展开左边的分组，单击"访客申请单流程"，进入"工作流绑定"页面；单击右上角的"+"号选择"访客申请单"，如图 13-54 所示。单击"确定"按钮。

图 13-54 选择单据

（3）单击"添加组织机构"按钮，选择华夏软件相关的所有机构，如图 13-55 所示。

图 13-55 选择组织机构

（4）单击"保存"按钮，保存数据。

绑定单据关联业务工作流，并约束组织机构

任务 13.16　创建访客业务系统用户及权限

任务描述

高校访客管理系统单据和工作流设计完成之后，需要一个功能菜单，在功能菜单中包括待办事项、已办事项等信息，以便后续给相应用户分配不同功能菜单的访问权限。

技术分析

为了实现上述任务，需要掌握如下操作：

（1）通过编辑模式创建"审批管理"菜单，并在此菜单下分别添加待办事项、已办事项菜单。

（2）通过用户管理，分别给三个角色创建相关用户。

（3）通过角色管理，给不同的角色根据业务需求设置相关权限。

任务实现

此任务是通过编辑模式添加菜单信息，通过用户管理分别给三个角色创建相关用户，最后通过角色管理完成角色的授权工作。具体操作如下：

视频

创建工作台菜单

1. 创建菜单

（1）进入"编辑"模式，选中"高校访客管理系统"菜单，单击"新建下级"按钮，创建菜单，将"标题"修改为"审批管理"。

（2）选中"审批管理"菜单，单击"新建下级"按钮，创建菜单，在"绑定应用"文本框中输入"待办"，"绑定模块"输入"我的待办"查询并选中，将"标题"修改为"待办事项"，如图 13-56 所示。

（3）选中"审批管理"菜单，单击"新建下级"按钮，创建菜单，在"绑定应用"文本框中输入"待办"，"绑定模块"输入"我的工作流已办"查询并选中，将"标题"修改为"已办事项"，如图 13-57 所示。

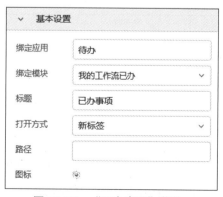

图 13-56　"待办事项"菜单　　　　图 13-57　"已办事项"菜单

2. 创建用户

(1) 单击"用户管理"菜单,进入用户管理页面,单击机构"教务处",之后单击"新建"按钮,进入"新增用户"页面,"登录名"输入 yld1,"用户名称"输入"院领导1","密码"和"确认密码"输入 1,"所属角色"选择"所有人;院领导",如图 13-58 所示。单击"确定"按钮保存数据。

图 13-58 创建用户

(2) 单击"用户管理"菜单,进入"用户管理"页面,单击机构"教务处",之后单击"新建"按钮,进入"新增用户"页面,"登录名"输入 js1,"用户名称"输入"教师1","密码"和"确认密码"输入 1,"所属角色"选择"教师",单击"确定"按钮保存数据。

(3) 单击"用户管理"菜单,进入"用户管理"页面,单击机构"保卫科",之后单击"新建"按钮,进入"新增用户"页面,"登录名"输入 bwkzy1,"用户名称"输入"保卫科专员1","密码"和"确认密码"输入 1,"所属角色"选择"保卫科专员",单击"确定"按钮保存数据。

3. 角色授权

(1) 单击"角色管理"菜单,进入"角色管理"页面,单击"教师"角色,之后单击工具栏中的"授权"按钮进入授权页面,单击角色资源后的下拉框,选择"功能资源";找到"访客管理"菜单,勾选"访问"功能,如图 13-59 所示。

图 13-59 教师授权

（2）单击"角色管理"菜单，进入"角色管理"页面，单击"院领导"角色，之后单击工具栏的"授权"按钮进入授权页面，单击角色资源后的下拉框，选择"功能资源"；找到"审批管理"菜单，勾选"访问"功能，如图13-60所示。

图13-60　院领导授权

（3）单击"角色管理"菜单，进入"角色管理"页面，单击"保卫科专员"角色，之后单击工具栏的授权按钮进入授权页面，单击角色资源后的下拉框，选择"功能资源"；找到"审批管理"菜单，勾选"访问"功能。

任务13.17　门户设置

任务描述

孙同学设计完成访客管理系统所有功能之后，还迫切需要一个首页。这样不仅能凸显系统的特色，还可以允许不同的用户登录使用该系统。本任务他将会设计完成一个符合高校访客管理系统风格的门户访问入口，来方便用户的浏览和使用。

技术分析

为了实现上述任务，需要掌握如下操作：
（1）通过"首页配置"菜单，进入首页配置管理页面。
（2）通过首页配置管理页面中的"添加页面"按钮进入首页添加页面，完成配置。
（3）通过编辑模式的首页模块绑定自定义的首页。

任务实现

要完成门户设置任务，需要通过首页配置页面进行首页布局设计，然后通过轮播图组件、工作流组件、常用功能组件来实现首页的布局。具体操作如下：

1. 首页配置菜单

（1）单击"首页"配置菜单，进入"首页配置管理"页面。

（2）单击"添加首页"按钮，进入"首页设计"页面。

（3）单击"全局设置"按钮，如图13-61所示，将"首页名称"修改为"高校访客管理系统首页"，"布局"选择第四种布局。

图 13-61　首页布局

（4）单击"更多"按钮，找到"工作流"选项，选中之后拖动到左侧两个区域中，如图 13-62 所示。

图 13-62　工作流选项

（5）单击选中左侧第一个区域，将待办类型选择为"我的审批待办"，标题名称修改为"我的待办"；同理选中左侧第二个区域，将待办类型选择为"我的工作流已办"，标题名称修改为"我的已办"；之后调整两个区域为合适大小，如图 13-63 和图 13-64 所示。

（6）单击"常用功能"按钮，将其拖动到右侧，单击"添加常用功能"按钮，分别选择教职工管理、访客申请、访客列表功能，单击"添加"按钮将其移动到"我的常用功能"中，单击"确定"按钮保存数据，如图 13-65 和图 13-66 所示。

（7）依次单击"保存"和"发布"按钮，保存并发布数据。

低代码编程技术基础

图 13-63 "我的待办"设置

图 13-64 "我的待办"和"我的已办"

图 13-65 常用功能

图 13-66 访客常用功能

2. 绑定首页

绑定首页

单击右上角的❷图标按钮进入"编辑模式",单击"首页"菜单,在"模板参数"栏目中的"首页模板"中选择"访客申请",如图 13-67 所示。依次单击"保存"和"发布"按钮使数据生效。

图 13-67 菜单访客申请设置

任务 13.18 访客业务数据及流程测试

任务描述

高校访客管理系统已经建设完成,接下来孙同学需要使用不同的角色登录系统,从信息填写一直到审核完成的审批流程,完整地测试整个访客流程能否走通,在测试过程中不断完善系统。

技术分析

为了实现上述任务,需要掌握如下操作:

(1)通过 js1 用户登录系统,填写访客申请单信息,通过保存和提交数据,开始审批流程。

(2)根据流程,登录其他相关用户,完成访客申请单的审批。

任务实现

系统设计完成,接下来根据不同的角色来完成业务流程的测试,由教师角色用户提交访客申请单,交由院领导角色用户审批,最后由保卫科角色用户完成审批。具体的业务测试流程如下:

1. 提交访客申请单

(1)使用 js1 用户登录系统,密码为创建用户时指定的密码。

(2)单击"访客申请"菜单,进入访客申请单申请页面。

(3)填写相关访客信息,如图 13-68 所示。依次单击"保存"和"提交"按钮,保存数据。

视 频

制单行为:登录教师账号,完成制单,并查看流程

图 13-68 访客申请录入

(4)单击查看"流程"按钮,查看下一级审批人信息,如图 13-69 所示。

图 13-69　下一级审批人

2. 院领导审批

（1）使用 yld1 用户登录系统，密码为创建用户时指定的密码。

（2）单击"我的待办"菜单，进入访客申请单审批页面，如图 13-70 所示。

审批行为：按次序分别登录院领导和保卫科账号，完成审批

图 13-70　审批

（3）填写相关审批信息，单击"同意"按钮，同意访客申请。

（4）单击"审批流程"选项，查看审批流程，如图 13-71 所示。

图 13-71　院领导审批

3. 保卫科审批

（1）使用 bwkzy1 用户登录系统，密码为创建用户时指定的密码。

（2）单击"我的待办"菜单，进入访客申请单审批页面，如图 13-72 所示。

图 13-72　审批页面

（3）填写相关审批信息，单击"同意"按钮，同意访客申请。

（4）单击"审批流程"选项，查看审批流程，如图 13-73 所示。

图 13-73　保卫科审批

单元考评表

高效访客管理系统实战考评表

被考评人		考评单元	单元13 高校访客管理系统实战	
考评维度		考评标准	权重（1）	得分（0~100）
内容维度	基础数据模块	掌握基础数据的定义和执行	0.05	
	数据建模模块	掌握数据模型的创建和发布	0.05	
	单据模块	掌握单据约束的设置和界面设计	0.05	
	工作流的配置	掌握工作流的设计和业务绑定	0.05	
任务维度	完成系统基础数据的建设	完成高校访客管理系统教职工基础数据的创建	0.2	
	完成系统数据建模的建设	完成高校访客管理系统数据模型的创建	0.2	
	完成系统单据的建设	完成高校访客管理系统单据的创建和界面的设计	0.2	
职业维度	职业素养	能理解任务需求，并在指导下实现预期任务，能自主搜索资料和分析问题	0.1	
	团队合作	能进行分工协作，相互讨论与学习	0.1	
加权得分				
评分规则		A	B	C	D
		优秀	良好	合格	不合格
		86~100	71~85	60~70	60以下
考评人				

单元小结

访客管理是通过在软件中自动检查，记录和收集访客数据，以此了解设施内的人员、其拜访对象以及拜访时间。通过对高校访客管理系统的建设，能够使学生充分了解高校访客管理系统的业务流程，并且通过使用低代码技术进行实战，能够帮助学生快速地掌握低代码进行系统建设的技能。

单元 14　企业新员工入职管理系统实战

情境引入

琪老师和常老师考察小组在这次考核任务中负责企业新员工入职管理系统的建设工作。琪老师带队当即来到具有"高校产业化基地"的合作企业,做企业新员工入职管理系统的调研工作,后续由常老师根据需求调研报告带队完成企业新员工入职管理系统建设工作。

学习目标

(1)掌握系统需求分析的方法。
(2)掌握新员工入职管理系统的业务需求。
(3)掌握使用低代码平台开发系统的流程和步骤。
(4)完成新员工入职管理系统功能开发。
(5)坚持学用结合,提升实践能力和职业核心素养。

任务 14.1　需求说明

任务描述

琪老师在与公司产品和开发负责人交流系统需求后,深入了解和体验企业新员工入职管理系统,明确了系统的定位及其审核流程,并整理完成了系统的需求规格说明书。回到学校后,琪老师和常老师考察小组一起召开需求规格的说明会议,由琪老师介绍说明了系统的功能需求。

被调研企业玖大集团是一家大型科技公司,集团最近由于业务扩张,入职员工数量激增,目前系统中的入职管理功能并不能满足日益增长的需求。恰逢前段时间采购了一套低代码平台,于是决定改进原来的入职管理业务。入职流程修改为由招聘专员根据员工的入职信息填写入职申请单,经由用人部门经理、事业部总监、招聘主管审批,完成员工入职工作。琪老师根据企业的业务需求,搭建并完善入职管理系统的功能。

视频

企业新员工入职管理系统业务背景

任务实现

1. 角色描述

根据上述需求,至少需要为该系统设置四个角色:招聘专员、用人部门经理、事业部总监和招聘主管。招聘专员为入职申请业务的申请人,用人部门经理、事业部总监和招聘主管是入职申请管理审批节点上的工作人员。最后,为了搭建和运维基于低代码的"企业新员工入职管理系统"业务平台,还需要一个"管理员"角色,负责运维整个低代码业务平台。

(1)管理员:负责业务系统搭建,初始化用户、权限、组织机构等。

(2)招聘专员:按照招聘流程和项目招聘要求邀约求职者面试,完成招聘任务。

(3)招聘主管:执行招聘、甄选、面试、选择、安置工作。

(4)用人部门经理:对通过一轮面试的求职者进行二轮面试,判断是否符合部门岗位需求。

(5)事业部总监:帮助新员工快速了解公司运作程序,监督执行,向新员工解释有关公司行政、业务、提成奖励等制度。

视频
企业入职平台角色描述

2. 入职审批流程

【详细设计】在业务流程上,该系统包含以下三个步骤:

(1)"招聘专员"作为申请人,根据员工信息填写入职申请单,系统自动委托给下一个审批节点的审批负责人"用人部门经理"。

(2)"用人部门经理"审批通过后,系统自动委托给下一个审批节点的审批负责人"事业部总监"。

(3)"事业部总监"审批通过后,系统自动委托给下一个审批节点的审批负责人"招聘主管"。

(4)"招聘主管"审批通过后,入职审批流程结束,如图14-1所示。

视频
入职申请流程

视频
登录招聘专员账号,完成制单,并查看流程

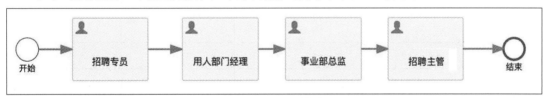

图14-1 入职审批流程

【想一想】此处由软件业务工作流设计图代替,功能较为简单,并没有考虑审批不通过的情况,同学们可以自行设计一个包含审批不通过功能的流程图。

【单据设计】入职申请单需要填写详细的入职信息,其中包括个人的基本信息、教育经历、工作经历、入职信息以及薪资福利。本书设计的流程单据界面及信息要素见表14-1。

视频
按次序分别登录用人部门经理、事业部总监、招聘主管账号,完成审批

表 14-1　流程单据界面及信息要素

姓名		性别		出生年月		籍贯	
民族		政治面貌		婚姻状况		最高学历	
毕业院校		专业		联系方式		邮箱	
入职部门		入职岗位		岗位级别			
身份证号				住址			
紧急联系人		联系方式		住址			
入职日期				合同日期			
试用期薪资				转正后薪资			
公司福利							
序号	福利		起始日期		金额		备注
教育经历							
序号	学校		起始日期		专业		学历
工作经历							
序号	单位	岗位		起始日期		离职原因	证明人及电话

任务 14.2 功能树配置

功能树是一种功能菜单的图形表达方式,它可以帮助开发人员有组织地设计和管理软件产品的功能模块。功能树图常用于显示软件产品设计的层次结构,它以树状结构表示产品的总体架构和功能模块之间的关系,以及模块内部的功能关系。为了搭建"企业新员工入职管理系统",本任务首先搭建和配置该系统的功能树,构建系统基本功能框架。

任务描述

常老师和赵同学在完成需求分析之后,制订需求工作计划(见表14-2)。李同学按照计划将开发中常用的功能设置到功能菜单中。

表 14-2 工作计划

序号	任务	完成天数
1	完成组织机构设计开发	1
2	完成基础数据设计开发	2
3	完成单据设计开发	3
4	完成工作流权限的设计开发	2
5	完成系统的测试工作	1

技术分析

为了实现上述任务,需要掌握如下操作:
(1)通过"编辑模式"按钮,进入编辑模式。
(2)通过"添加同级""添加下级""删除"等按钮完成菜单的创建。
(3)通过选中菜单,在右侧编辑区指定绑定的功能模块。
(4)依次单击"保存""发布"按钮使菜单配置生效。

任务实现

1. 创建"企业新员工入职管理系统"和"参数配置"菜单

低代码平台支持同时创建多个业务系统,为了区分管理,本任务首先需要为"企业新员工入职管理系统"创建一个单独的功能菜单,以便于统一管理该系统的功能树。具体操作步骤如下:

(1)单击右上角编辑模式图标进入编辑模式。

(2)单击"新建同级"按钮,创建"企业新员工入职管理系统"菜单。注意:只在标题一项中输入内容即可。

（3）选中"企业新员工入职管理系统"菜单，单击"新建下级"按钮，创建"参数配置"菜单，同样只在标题一项中输入内容。

（4）依次单击"保存""发布"按钮使设置生效。单击"退出"按钮即可看到菜单效果。

2. 在父级菜单中创建子菜单

配置系统功能树

创建好"企业新员工入职管理系统"功能树项后，可以在该菜单项下创建下级功能菜单，根据该系统需求，需要在下级依次创建和配置"机构类型管理""机构数据管理""角色管理""用户管理""枚举数据管理""基础数据定义""数据建模""单据管理""单据列表管理""工作流管理""业务与工作流绑定"，具体操作如下：

（1）单击右上角编辑模式图标 进入编辑模式。选中"参数配置"菜单，单击"添加下级"按钮，添加下级菜单，在右侧"基本设置""绑定应用"文本框中输入"机构类型管理"并选中，修改标题为"机构类型管理"，依次单击"保存""发布"按钮使设置生效。

（2）选中"参数配置"菜单，单击"添加下级"按钮，添加下级菜单，在右侧"基本设置""绑定应用"文本框中输入"机构数据管理"并选中，修改标题为"机构数据管理"，依次单击"保存""发布"按钮使设置生效。

（3）选中"参数配置"菜单，单击"添加下级"按钮，添加下级菜单，在右侧"基本设置""绑定应用"文本框中输入"角色管理"并选中，依次单击"保存""发布"按钮使设置生效。

（4）选中"参数配置"菜单，单击"添加下级"按钮，添加下级菜单，在右侧"基本设置""绑定应用"文本框中输入"用户管理"并选中，依次单击"保存""发布"按钮使设置生效。

（5）选中"参数配置"菜单，单击"添加下级"按钮，添加下级菜单，在右侧"基本设置""绑定应用"文本框中输入"枚举数据管理"并选中，修改标题为"枚举数据管理"，依次单击"保存""发布"按钮使设置生效。

（6）选中"参数配置"菜单，单击"添加下级"按钮，添加下级菜单，在右侧"基本设置""绑定应用"文本框中输入"基础数据定义"并选中，修改标题为"基础数据定义"，依次单击"保存""发布"按钮使设置生效。

（7）选中"参数配置"菜单，单击"添加下级"按钮，添加下级菜单，在右侧"基本设置""绑定应用"文本框中输入"数据建模"并选中，修改标题为"数据建模"，依次单击"保存""发布"按钮使设置生效。

（8）选中"参数配置"菜单，单击"添加下级"按钮，添加下级菜单，在右侧"基本设置""绑定应用"文本框中输入"元数据管理"并选中，选择"元数据类型"为"单据管理"，修改标题为"单据管理"，依次单击"保存""发布"按钮使设置生效。

（9）选中"参数配置"菜单，单击"添加下级"按钮，添加下级菜单，在右侧"基本设置""绑定应用"文本框中输入"单据"并选中，修改标题为"单据编号管理"，依次单击"保存""发布"按钮使设置生效。

（10）选中"参数配置"菜单，单击"添加下级"按钮，添加下级菜单，在右侧"基本设置""绑定应用"文本框中输入"元数据管理"并选中，选择"元数据类型"为"单据列表管理"，修改标题为"单据列表管理"，依次单击"保存""发布"按钮使设置生效。

（11）选中"参数配置"菜单，单击"添加下级"按钮，添加下级菜单，在右侧"基本设置""绑定应用"文本框中输入"元数据管理"并选中，选择"元数据类型"为"工作流管理"，修改标题为"工作流管理"，依次单击"保存""发布"按钮使设置生效。

（12）选中"参数配置"菜单，单击"添加下级"按钮，添加下级菜单，在右侧"基本设置""绑定应用"文本框中输入"工作流"并选中，修改标题为"业务与工作流绑定"，依次单击"保存""发布"按钮使设置生效。菜单列表效果如图 14-2 所示。

图 14-2　菜单列表

任务 14.3　创建企业集团机构类型

任务描述

李同学在开发企业新员工入职管理系统时，首先需要设置组织机构，之后所有具有类似需求的企业都可以在该机构类型下创建机构数据。本任务赵同学根据企业的组织机构进行设计，以"乐呼呼集团"作为系统的根机构，设计了一个名为"乐呼呼"的机构类型名称。

技术分析

为了实现上述任务，需要掌握如下操作：
（1）通过机构类型管理，进入机构类型管理页面。
（2）通过新建类型按钮创建乐呼呼集团。

任务实现

要完成机构类型的创建，需首先进入机构类型新增页面，通过"新建类型"按钮进入，输入标识和名称，通过单击"确定"按钮保存数据。具体操作如下：

1. 进入机构类型新增页面

（1）单击菜单栏中的"机构类型管理"，进入机构类型管理页面。

（2）单击"新建类型"，进入类型添加页面添加类型。

2. 输入机构类型数据

分别输入标识和名称，标识输入 MD_ORG_LHH，名称输入"乐呼呼"，如图 14-3 所示。单击"确定"按钮。

视频

定义组织机构类型关联机构数据

图 14-3　乐呼呼类型

任务 14.4　创建企业集团机构数据

任务描述

李同学在创建完成"乐呼呼"机构类型之后，可以基于此机构类型创建一个名为"乐呼呼集团"的机构数据，并在该机构下设北京分公司、上海分公司、深圳分公司三个机构。需要分别创建这些具体的机构数据，并将其和上一个任务中创建的"乐呼呼"机构类型绑定。

技术分析

为了实现上述任务，需要掌握如下操作：

（1）通过"机构数据管理"菜单进入数据管理页面。

（2）通过"新建下级"或者"新建同级"创建机构数据。

（3）通过选择乐呼呼类型，单击"关联创建"将机构数据加入此类型中。

任务实现

要完成创建机构数据，需首先通过"机构数据管理"菜单进入数据管理页面，然后通过

"新建下级"或者"新建统计"按钮分别添加乐呼呼集团机构以及下属机构,最后通过"关联创建"按钮完成机构类型的绑定。具体操作步骤如下:

1. 新建乐呼呼集团

(1)在下拉列表框中选择"行政组织"选项,之后单击"行政组织"分组,接下来单击"新建下级"按钮,如图 14-4 所示。

图 14-4 新建下级

(2)在右侧表单中,"机构编码"输入 LHHJT,"机构名称"输入"乐呼呼集团","机构简称"输入"乐呼呼集团",如图 14-5 所示,单击"保存"按钮,保存机构数据。

图 14-5 "乐呼呼集团"机构数据

2. 在乐呼呼集团下添加子机构

(1)选中"乐呼呼集团"机构,单击"新建下级"按钮;在右侧表单中,输入机构编码 LHHJT-BJ,机构名称"乐呼呼集团北京分公司",机构简称"乐呼呼集团北京分公司",如图 14-6 所示,单击"保存"按钮,保存机构数据。

图 14-6 北京分公司数据

(2)选中"乐呼呼集团"机构,单击"新建下级"按钮;在右侧表单中,输入机构编码 LHHJT-SH,机构名称"乐呼呼集团上海分公司",机构简称"乐呼呼集团上海分公司",单击"保存"按钮,保存机构数据。

(3)选中"乐呼呼集团"机构,单击"新建下级"按钮;在右侧表单中,输入机构编码 LHHJT-SZ,机构名称"乐呼呼集团深圳分公司",机构简称"乐呼呼集团深圳分公司",单击"保存"按钮,保存机构数据。以上操作的最终结果如图 14-7 所示。

图 14-7 乐呼呼机构数据

3. 将组织机构数据和乐呼呼机构类型关联

（1）选择"乐呼呼"机构类型，单击"关联创建"按钮，如图 14-8 所示。

图 14-8 关联创建

（2）选中刚刚创建的所有数据，单击"确定"按钮，关联创建机构数据完成。

任务 14.5　创建入职业务枚举数据

任务描述

接下来，系统建设到了关键的申请单设计环节，李同学突然想到填写入职申请单录入个人信息的时候，可能出现由于用户填写不规范造成的数据混乱问题。为了解决该问题，需要将录入性别、学历、岗位级别、婚姻状况、政治面貌等作为枚举数据，只允许用户通过下拉列表选择的方式进行填写。因此，本任务首先要做的是创建性别、学历、岗位级别、婚姻状况、政治面貌枚举数据。

技术分析

为了实现上述任务，需要掌握如下操作：
（1）通过"枚举数据管理"菜单，进入枚举数据管理页面。
（2）通过"新建"按钮，进入新建页面，分别创建性别、学历、岗位级别、婚姻状况、政治面貌等五种枚举数据，相同类型的枚举数据，类型和描述输入一致。

任务实现

添加枚举数据需要通过"新建"按钮进入数据新增页面，在页面中分别输入名称、值、类

型以及描述信息,单击"确定"按钮保存数据,具体操作如下:

1. 创建学历枚举数据

(1)单击"新建"按钮,进入新建页面;在名称文本框中输入"小学",值文本框中输入1,类型文本框中输入 EM_XL,描述文本框中输入"学历",单击"确定"按钮,保存数据。

(2)单击"新建"按钮,进入新建页面;在名称文本框中输入"初中",值文本框中输入2,类型文本框中输入 EM_XL,描述文本框中输入"学历",单击"确定"按钮,保存数据。

(3)单击"新建"按钮,进入新建页面;在名称文本框中输入"高中",值文本框中输入3,类型文本框中输入 EM_XL,描述文本框中输入"学历",单击"确定"按钮,保存数据。

(4)单击"新建"按钮,进入新建页面;在名称文本框中输入"专科",值文本框中输入4,类型文本框中输入 EM_XL,描述文本框中输入"学历",单击"确定"按钮,保存数据。

(5)单击"新建"按钮,进入新建页面;在名称文本框中输入"本科",值文本框中输入5,类型文本框中输入 EM_XL,描述文本框中输入"学历",单击"确定"按钮,保存数据。

(6)单击"新建"按钮,进入新建页面;在名称文本框中输入"研究生",值文本框中输入6,类型文本框中输入 EM_XL,描述文本框中输入"学历",单击"确定"按钮,保存数据。

(7)单击"新建"按钮,进入新建页面;在名称文本框中输入"博士",值文本框中输入7,类型文本框中输入 EM_XL,描述文本框中输入"学历",单击"确定"按钮,保存数据。

(8)单击"新建"按钮,进入新建页面;在名称文本框中输入"博士后",值文本框中输入8,类型文本框中输入 EM_XL,描述文本框中输入"学历",单击"确定"按钮,保存数据,如图14-9所示。

视频
添加学历、岗位级别、婚姻状况、政治面貌枚举数据

	序号	名称	值	类型	描述	状态	操作	
☐	1	小学	1	EM_XL	学历	正常	修改	删除
☐	2	初中	2	EM_XL	学历	正常	修改	删除
☐	3	高中	3	EM_XL	学历	正常	修改	删除
☐	4	专科	4	EM_XL	学历	正常	修改	删除
☐	5	本科	5	EM_XL	学历	正常	修改	删除
☐	6	研究生	6	EM_XL	学历	正常	修改	删除
☐	7	博士	7	EM_XL	学历	正常	修改	删除
☐	8	博士后	8	EM_XL	学历	正常	修改	删除

图14-9 学历数据

2. 创建岗位级别枚举数据

(1)单击"新建"按钮,进入新建页面;在名称文本框中输入"初级",值文本框中输入1,类型文本框中输入 EM_GWJB,描述文本框中输入"岗位级别",单击"确定"按钮,保存数据。

(2)单击"新建"按钮,进入新建页面;在名称文本框中输入"中级",值文本框中输入2,类型文本框中输入 EM_GWJB,描述文本框中输入"岗位级别",单击"确定"按钮,保存数据。

（3）单击"新建"按钮，进入新建页面；在名称文本框中输入"高级"，值文本框中输入3，类型文本框中输入 EM_GWJB，描述文本框中输入"岗位级别"，单击"确定"按钮，保存数据，如图 14-10 所示。

	序号	名称	值	类型	描述	状态	操作
☐	1	初级	1	EM_GWJB	岗位级别	正常	修改 | 删除
☐	2	中级	2	EM_GWJB	岗位级别	正常	修改 | 删除
☐	3	高级	3	EM_GWJB	岗位级别	正常	修改 | 删除

图 14-10　岗位级别数据

3. 创建婚姻状况和政治面貌枚举数据

（1）以同样的方式创建"婚姻状况"，值分别为"已婚""未婚"，如图 14-11 所示。

	序号	名称	值	类型	描述	状态	操作
☐	1	已婚	1	EM_HYZK	婚姻状况	正常	修改 | 删除
☐	2	未婚	2	EM_HYZK	婚姻状况	正常	修改 | 删除

图 14-11　婚姻状况数据

（2）以同样的方式创建"政治面貌"，值分别为"群众""团员""党员"，如图 14-12 所示。

	序号	名称	值	类型	描述	状态	操作
☐	1	群众	1	EM_ZZMM	政治面貌	正常	修改 | 删除
☐	2	团员	2	EM_ZZMM	政治面貌	正常	修改 | 删除
☐	3	党员	3	EM_ZZMM	政治面貌	正常	修改 | 删除

图 14-12　政治面貌数据

（3）单击"同步缓存"按钮，将创建的数据同步到缓存中。

4. 创建性别枚举数据

以同样的方式创建"性别"，值分别是"男""女"。

任务 14.6　创建入职业务基础数据

任务描述

系统用户在录入个人信息的时候，需要录入和选择联系人信息。为了防止用户随意填写不规范数据，李同学同样将部门、岗位、福利信息设置了基础数据。

技术分析

为了实现上述任务，需要掌握如下操作：

（1）通过"新建分组"创建"乐呼呼"分组。

（2）通过"新建定义"按钮分别创建部门、岗位、福利基础数据。

（3）通过编辑模式功能创建信息管理菜单，并通过提供的基础数据执行功能绑定福利、部门和岗位信息。

任务实现

此任务是完成基础数据的创建。首先需要创建分组，在分组下通过"新建定义"按钮进入基础添加页面，填写完成相关信息之后通过设计按钮进入设计页面完成基础数据的建设，具体操作步骤如下：

1. 创建分组

单击"新建分组"，创建"乐呼呼"分组，标识为 BD_LHH，名称为"乐呼呼"，单击"确定"按钮保存数据。具体参数配置如图 14-13 所示。

图 14-13　创建分组

2. 创建部门基础数据

单击"新建定义"按钮，进入基础数据创建页面；标识输入 MD_DEPT，名称输入"部门"，单击"确定"按钮保存数据。单击"执行"按钮，通过新建分别添加"研发部""人事部""测试部""运维部"数据，如图 14-14 所示。

序号	代码	名称	简称	操作
1	10001	研发部		修改 | 停用 | 删除
2	10002	人事部		修改 | 停用 | 删除
3	10003	测试部		修改 | 停用 | 删除
4	10004	运维部		修改 | 停用 | 删除

图 14-14　部门基础数据

视频●

创建部门基础数据

3. 创建岗位基础数据

单击"新建定义"按钮，进入基础数据创建页面；标识输入 MD_JOB，名称输入"岗位"，单击"确定"按钮保存数据。单击"执行"按钮，通过新建分别添加"Java 开发工程师""Web 前端工程师""测试工程师""招聘专员""运维工程师""人事专员"数据，如图 14-15 所示。

序号	代码	名称	简称	操作
1	10001	Java开发工程师		修改 | 停用 | 删除
2	10002	Web前端工程师		修改 | 停用 | 删除
3	10003	测试工程师		修改 | 停用 | 删除
4	10004	招聘专员		修改 | 停用 | 删除
5	10005	运维工程师		修改 | 停用 | 删除
6	10006	人事专员		修改 | 停用 | 删除

图 14-15　岗位数据

视频●

创建岗位基础数据

4. 创建福利基础数据

视频
创建福利基础数据

单击"新建定义"按钮,进入基础数据创建页面;标识输入 MD_FL,名称输入"福利",单击"确定"按钮保存数据。单击"执行"按钮,通过新建分别添加"交通补助""食宿补助""全勤奖""话费补助"数据,如图 14-16 所示。

序号	代码	名称	简称	操作
1	10001	交通补助		修改 | 停用 | 删除
2	10002	食宿补助		修改 | 停用 | 删除
3	10003	全勤奖		修改 | 停用 | 删除
4	10004	话费补助		修改 | 停用 | 删除

图 14-16 福利数据

5. 配置基础数据执行菜单

(1)进入编辑模式,在企业新员工入职管理系统菜单下,添加"信息管理"菜单,菜单标题输入"信息管理";在"信息管理"菜单下,单击"新建下级"按钮添加新菜单,在"绑定应用"中输入"基础数据",在绑定模块中输入"基础数据执行",标题输入"部门管理",基础数据选择部门信息,如图 14-17 所示。依次单击"保存"和"发布"按钮使菜单生效。

图 14-17 基础数据执行

视频

统一配置基础数据执行菜单

(2)在"信息管理"菜单下,单击"新建下级"按钮添加新菜单,在绑定应用中输入"基础数据",在绑定模块中输入"基础数据执行",标题输入"福利管理",基础数据选择福利信息,依次单击"保存"和"发布"按钮使菜单生效。

(3)在"信息管理"菜单下,单击"新建下级"按钮添加新菜单,在绑定应用中输入"基础数据",在绑定模块中,输入"基础数据执行",标题输入"岗位管理",基础数据选择岗位信息,依次单击"保存"和"发布"按钮使菜单生效。

任务 14.7 设计入职申请单业务模型

任务描述

李同学在设计完成基础数据之后,接下来会根据需求说明设计入职申请单的单据内容信息,其中包括个人的基本信息、教育经历、工作经历、公司福利信息。个人信息作为主表信息,教育经历、工作经历、公司福利作为子表信息,此任务实际上是设计单据的数据模型,用于保存入职单据的相关信息。

技术分析

为了实现上述任务，需要掌握如下操作：
（1）通过"数据建模"菜单，进入数据建模页面。
（2）通过"新建分组"页面，创建"乐呼呼"分组。
（3）通过"新建定义"按钮，进入数据定义页面，分别定义主子表模型。
（4）通过"新建字段"按钮，创建固定的信息字段。

任务实现

数据建模是系统建设中非常重要的一环，要完成此项任务，首先需要创建分组，然后在分组下通过"新建定义"按钮进入数据定义页面。

1. 创建分组

（1）单击"数据建模"菜单，进入数据建模页面。
（2）单击"新建分组"按钮，创建"乐呼呼"分组，标识为LHH，名称为"乐呼呼"，如图14-18所示。单击"确定"按钮保存数据。

图 14-18　新建分组

2. 创建入职申请单主表

根据任务14.1设计的需求定义主子表模型，并根据需求添加相关的字段信息，字段信息见表14-3。

表 14-3　入职申请单字段信息

字段编号	字段名称	字段类型	关联数据
XM	姓名	字符串	
XB	性别	字符型	关联枚举数据"性别"
CSNY	出生年月	字符型	
JG	籍贯	字符型	
MZ	民族	字符型	关联枚举数据"民族"
ZZMM	政治面貌	字符型	关联枚举数据"政治面貌"

续表

字段编号	字段名称	字段类型	关联数据
HXZK	婚姻状况	字符型	关联枚举数据"婚姻状况"
ZGXL	最高学历	字符型	关联枚举数据"学历"
BYYX	毕业院校	字符型	
ZY	专业	字符型	
LXFS	联系方式	字符型	
YX	邮箱	字符型	
RZBM	入职部门	字符型	关联基础数据"部门"
RZRQ	入职岗位	字符型	关联基础数据"岗位"
GWJB	岗位级别	字符型	关联枚举数据"岗位级别"
SFZH	身份证号	字符型	
ZZ	住址	字符型	
JJLXR	紧急联系人	字符型	
JJLXRLXFS	紧急联系人联系方式	字符型	
RZRQ	入职日期	日期型	
SYQXZ	试用期薪资	数值型	
ZZHXZ	转正后薪资	数值型	
HTRQ_START	合同开始时间	日期型	
HTRQ_END	合同结束时间	日期型	

视频
定义入职申请单主表信息

单击"新建定义"按钮，进入主表创建页面，标识输入 LHH_RZSQD，名称输入"入职申请单"，类型选择"单据"，表类型选择"单据主表"，如图 14-19 所示。单击"确定"按钮保存数据。

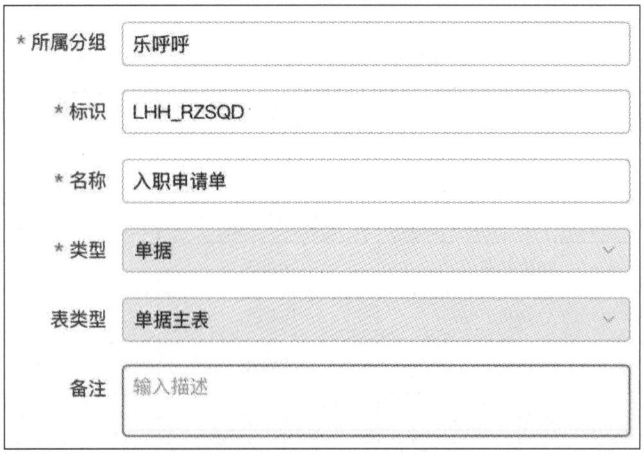

图 14-19　创建入职申请单模型

3. 维护入职申请单字段

（1）找到新创建的定义"入职申请单"，单击"字段维护"按钮，进入字段维护页面。

（2）创建性别字段，单击"新增字段"按钮，标识输入 XB，名称输入"性别"，类型选择"字符型"，关联类型选择"枚举类型"，关联属性选择"EM_SEX 性别"，如图 14-20 所示。单击"确定"按钮保存数据。

图 14-20　创建性别字段

（3）创建政治面貌字段，单击"新增字段"按钮，标识输入 ZZMM，名称输入"政治面貌"，类型选择"字符型"，关联类型选择"枚举类型"，关联属性选择"EM_ZZMM 政治面貌"，如图 14-21 所示。单击"确定"按钮保存数据。

图 14-21　创建政治面貌字段

（4）创建婚姻状况字段，单击"新增字段"按钮，标识输入 HYZK，名称输入"婚姻状况"，类型选择"字符型"，关联类型选择"枚举类型"，关联属性选择"EM_HYZK 婚姻状况"，如图 14-22 所示。单击"确定"按钮保存数据。

图 14-22　创建婚姻状况字段

（5）创建最高学历字段，单击"新增字段"按钮，标识输入 ZGXL，名称输入"最高学历"，类型选择"字符型"，关联类型选择"枚举类型"，关联属性选择"EM_XL 最高学历"，如图 14-23 所示。单击"确定"按钮保存数据。

图 14-23　创建最高学历字段

（6）创建入职部门字段，单击"新增字段"按钮，标识输入 RZBM，名称输入"入职部门"，类型选择"字符型"，关联类型选择"基础数据"，关联属性选择"MD_DEPT 部门"，如图 14-24 所示。单击"确定"按钮保存数据。

（7）创建入职岗位字段，单击"新增字段"按钮，标识输入 RZGW，名称输入"入职岗位"，类型选择"字符型"，关联类型选择"基础数据"，关联属性选择"MD_JOB 岗位"，如图 14-25 所示。单击"确定"按钮保存数据。

（8）创建岗位级别字段，单击"新增字段"按钮，标识输入 GWJB，名称输入"岗位级别"，类型选择"字符型"，关联类型选择"枚举类型"，关联属性选择"EM_GWJB 岗位级别"，如图 14-26 所示。单击"确定"按钮保存数据。

图 14-24 创建入职部门字段

图 14-25 创建入职岗位字段

图 14-26 创建岗位级别字段

（9）根据以上方式分别创建字段姓名、籍贯、民族、毕业院校、专业、联系方式、邮箱、身份证号、住址、紧急联系人、紧急联系人联系方式、紧急联系人地址，标识使用汉字首字母，名称分别为姓名、籍贯、民族、毕业院校、专业、联系方式、邮箱、身份证号、住址、紧急联系人、紧急联系人联系方式、紧急联系人地址，类型选择"字符串"，长度输入100，单击"确定"按钮保存数据。

（10）根据以上方式分别创建出生日期、入职日期、合同开始日期、合同结束日期字段类型选择"日期型"，单击"确定"按钮保存数据。

（11）根据以上方式分别创建试用期薪资、转正后薪资字段，类型选择"数值型"，单击"确定"按钮保存数据。

（12）单击"发布"按钮，生效创建的数据模型。

4. 创建公司福利子表

根据任务14.1设计的需求定义主子表模型，并根据需求添加相关的字段信息，字段信息见表14-4。

定义公司福利子表

表14-4　公司福利字段信息

字段编号	字段名称	字段类型	关联数据
FL	福利	字符串	关联基础数据"福利"
KSRQ	开始日期	日期型	
JSRQ	结束日期	日期型	
JE	金额	数值型	
BZ	备注	字符型	

（1）单击"数据建模"菜单，进入数据建模页面。

（2）单击"新建定义"按钮，进入主表创建页面，标识输入LHH_GSFL，名称输入"公司福利"，类型选择"单据"，表类型选择"单据子表"，如图14-27所示。单击"确定"按钮保存数据。

图14-27　创建公司福利子表

（3）单击"公司福利"数据中的"字段维护"按钮，进入字段维护界面。

（4）单击"新建字段"按钮，创建福利字段，标识输入为 FL，名称输入"福利"，类型选择"字符型"，关联类型选择"基础数据"，关联属性选择"MD_FL 福利"，如图 14-28 所示。单击"确定"按钮保存数据。

图 14-28　创建福利字段

（5）单击"新建字段"按钮，创建开始日期和结束日期字段，标识分别为汉语拼音首字母，名称分别为"开始日期"和"结束日期"，类型选择"日期型"，单击"确定"按钮保存数据。

（6）单击"新建字段"按钮，创建金额字段，标识输入 JE，名称输入"金额"，类型选择"数值型"，单击"确定"按钮保存数据。

（7）单击"新建字段"按钮，创建备注字段，标识输入 BZ，名称输入"备注"，类型选择"字符型"，长度输入 100，单击"确定"按钮保存数据。

（8）单击"保存配置"按钮保存数据并返回到列表页面。

（9）单击"发布"按钮，使创建的数据模型生效。

5. 创建教育经历子表

根据任务 14.1 设计的需求定义主子表模型，并根据需求添加相关的字段信息，字段信息见表 14-5。

表 14-5　教育经历字段信息

字段编号	字段名称	字段类型	关联数据
XX	学校	字符串	
KSRQ	开始日期	日期型	
JSRQ	结束日期	日期型	
ZY	专业	字符型	
XL	学历	字符型	

（1）单击"数据建模"菜单，进入数据建模页面。

（2）单击"新建定义"按钮，进入主表创建页面，标识输入 LHH_JYJL，名称输入"教育经历"，类型选择"单据"，表类型选择"单据子表"，如图 14-29 所示。单击"确定"按钮保存数据。

视频

定义教育经历子表

图 14-29　创建教育经历子表

（3）单击"教育经历"数据的"字段维护"按钮，进入字段维护界面。

（4）单击"新建字段"按钮，创建学校和专业字段，标识分别输入为汉语拼音首字母，名称分别输入学校和专业，类型选择"字符型"，长度输入 100，单击"确定"按钮保存数据。

（5）单击"新建字段"按钮，创建开始日期和结束日期字段，标识分别为汉语拼音首字母，名称分别为"开始日期"和"结束日期"，类型选择"日期型"，单击"确定"按钮保存数据。

（6）单击"新建字段"按钮，创建学历字段，标识输入 XL，名称输入"学历"，类型选择"字符型"，关联类型选择为"枚举类型"，关联属性选择"EM_XL 学历"，如图 14-30 所示。单击"确定"按钮保存数据。

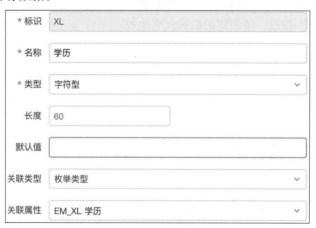

图 14-30　创建学历字段

（7）单击"保存配置"按钮保存数据并返回到列表页面。

（8）单击"发布"按钮，使创建的数据模型生效。

6. 创建工作经历子表

根据任务 14.1 设计的需求定义主子表模型，并根据需求添加相关的字段信息，字段信息见表 14-6。

表 14-6 工作经历字段信息

字段编号	字段名称	字段类型	关联数据
DW	单位	字符串	
ZMR	证明人	字符型	
ZMRDH	证明人电话	字符型	
KSRQ	开始日期	日期型	
JSRQ	结束日期	日期型	

（1）单击"数据建模"菜单，进入数据建模页面。

（2）单击"新建定义"按钮，进入主表创建页面，标识输入 LHH_GZJL，名称输入"工作经历"，类型选择"单据"，表类型选择"单据子表"，如图 14-31 所示。单击"确定"按钮保存数据。

定义工作经历子表并发布

图 14-31 创建工作经历子表

（3）单击"工作经历"数据的"字段维护"按钮，进入字段维护界面。

（4）单击"新建字段"按钮，创建单位、证明人和证明人电话字段，标识分别输入为汉语拼音首字母，名称分别输入为单位、证明人和证明人电话，类型选择"字符型"，长度输入 100，单击"确定"按钮保存数据。

（5）单击"新建字段"按钮，创建开始日期和结束日期字段，标识分别为汉语拼音首字母，名称分别为"开始日期"和"结束日期"，类型选择"日期型"，单击"确定"按钮保存数据。

（6）单击"保存配置"按钮保存数据并返回到列表页面。

（7）单击"发布"按钮，使创建的数据模型生效。

任务 14.8 设计入职申请单数据约束

任务描述

在"企业新员工入职管理系统"建设的过程中,李同学已创建入职申请单的数据模型,接下来需要对入职申请单界面进行设计,其中入职申请单界面中的内容不允许用户随意填写,可以通过选择不同的界面组件来对输入的内容进行限制。

技术分析

为了实现上述任务,需要掌握如下操作:
(1)通过"单据管理菜单"进入单据管理页面。
(2)通过"新建分组"按钮创建"乐呼呼"分组。
(3)通过"新建定义"按钮创建入职申请单。
(4)通过定义列表中的"设计"按钮进入单据的配置页面。
(5)通过"选择主表"按钮,选择入职申请单作为单据的主表。
(6)通过"选择子表"按钮,将教育经历、工作经历、公司福利设置为单据的子表。
(7)通过字段的"属性"按钮,进行约束的创建。

任务实现

数据模型设计完成以后,需要根据需求的设计单据中各个数据的约束,不允许用户随意填写信息,具体约束见表 14-7。

表 14-7 主表数据

XM	姓名	约束	描述
XB	性别	必填	姓名请输入 2-8 位的汉字或者字母
CSNY	出生年月	必填	
JG	籍贯	必填	
MZ	民族	必填	
ZZMM	政治面貌	必填	
HXZK	婚姻状况	必填	
ZGXL	最高学历	必填	
BYYX	毕业院校	必填	
ZY	专业	必填	
LXFS	联系方式	必填	联系方式输入 11 位的数字

续表

XM	姓名	约束	描述
YX	邮箱	必填	
RZBM	入职部门	必填	
RZRQ	入职岗位	必填	
GWJB	岗位级别	必填	
SFZH	身份证号	必填	请输入正确的身份证号
ZZ	住址	必填	
JJLXR	紧急联系人	必填	紧急联系人请输入2-8位的汉字或者字母
JJLXRLXFS	紧急联系人联系方式	必填	紧急联系人联系方式为11位数字
RZRQ	入职日期	必填	
SYQXZ	试用期薪资	必填	
ZZHXZ	转正后薪资	必填	
HTRQ_START	合同开始时间	必填	
HTRQ_END	合同结束时间	必填	

1. 新建分组

（1）单击"单据管理"菜单，进入单据管理页面。

（2）单击"新建分组"，创建"乐呼呼"分组，标识输入为LHH，名称输入"乐呼呼"，如图14-32所示。单击"确定"按钮保存数据。

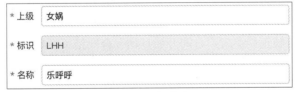

图14-32 创建分组

2. 新建定义

单击"新建定义"按钮，进入新建定义页面，标识输入RZSQD，名称输入"入职申请单"，模型选择"基类-VA单据模型"，如图14-33所示。单击"确定"按钮保存数据。

图14-33 创建入职申请单

3. 设计单据约束

(1) 单击"入职申请单"数据中的"设计"按钮,进入单据详情设计页面,单击"选择主表"按钮,选择"入职申请单"模型为主表数据,如图 14-34 所示。单击"确定"按钮保存数据。

图 14-34 选择主表

(2) 单击"入职申请单"数据后的"选择子表按钮",弹出单据子表页面,选择"公司福利""教育经历""工作经历"模型为子表数据,如图 14-35 所示。单击"确定"按钮保存数据。

定义入职申请单并绑定主子表

图 14-35 选择子表

(3) 选择底部的"入职申请单",进入字段的约束配置页面。将性别、出生年月、籍贯、民族、政治面貌、婚姻状况、最高学历、毕业院校、专业、联系方式、邮箱、入职部门、入职岗位、岗位级别、身份证号、住址、紧急联系人、紧急联系人联系方式、紧急联系人住址、入职日期、试用期薪资、转正后薪资、合同开始日期、合同结束日期、姓名字段都设置为必填,如图 14-36 所示。

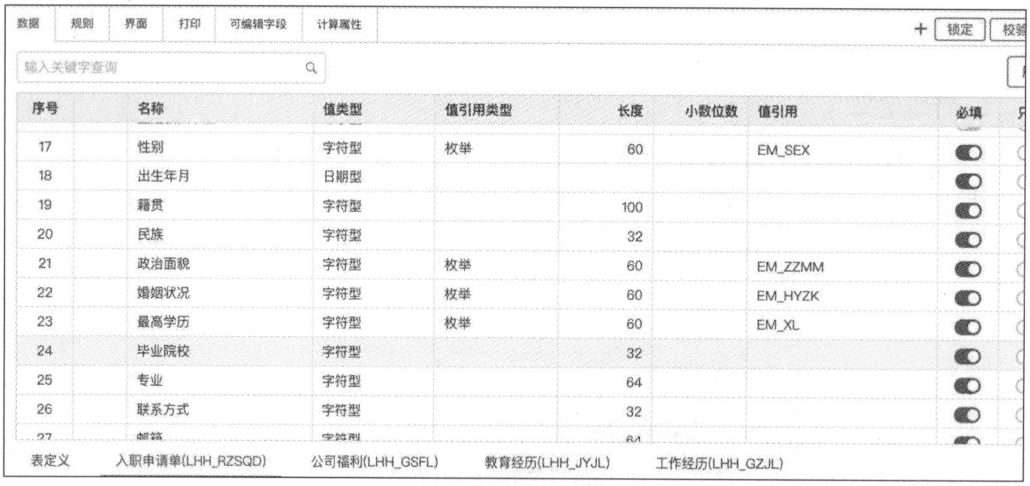

图 14-36 设置必填字段

（4）找到"姓名字段"，单击"属性"按钮，进入约束配置页面；单击"值校验"文本框中的⊞按钮，进入公式编辑页面。在编辑器输入"Len（LHH_RZSQD[XM]）>=2 and Len（LHH_RZSQD[XM]）<=8"，提示信息文本框中输入"姓名请输入 2-8 位的汉字或者字母"，如图 14-37 所示。单击"确定"按钮，保存数据。

图 14-37　设置姓名约束

（5）找到"紧急联系人"字段，单击"属性"按钮，进入约束配置页面；单击"值校验"文本框中的⊞按钮，进入公式编辑页面。在编辑器输入"Len（LHH_RZSQD[JJLXR]）>=2 and Len（LHH_RZSQD[JJLXR]）<=8"，提示信息文本框中输入"紧急联系人请输入 2-8 位的汉字或者字母"，单击"确定"按钮，保存数据。

（6）找到"联系方式"字段，单击"属性"按钮，进入约束配置页面；单击"值校验"文本框中的⊞按钮，进入公式编辑页面。在编辑器输入"Len（LHH_RZSQD[LXFS]）==11"，提示信息文本框中输入"联系方式输入 11 位的数字"，单击"确定"按钮，保存数据。

（7）找到"紧急联系人联系方式"字段，单击"属性"按钮，进入约束配置页面；单击"值校验"文本框中的⊞按钮，进入公式编辑页面。在编辑器输入"Len（LHH_RZSQD[JJLXRLXFS]）==11"，提示信息文本框中输入"紧急联系人联系方式为 11 位数字"，单击"确定"按钮，保存数据。

（8）找到"身份证号"字段，单击"属性"按钮，进入约束配置页面；单击"值校验"文本框中的⊞按钮，进入公式编辑页面。在编辑器输入"CheckIdentityLegitimate（LHH_RZSQD[SFZH]）"，提示信息文本框中输入"请输入正确的身份证号"，单击"确定"按钮，保存数据。

（9）进入表定义页面，将子表"公司福利""教育经历""工作经历"必填项激活，使这三种数据都定义为必填，如图 14-38 所示。

视频

约束字段列必填项以及利用值校验公式约束字段列

图 14-38　子表必填设置

任务 14.9 实现入职申请单页面

任务描述

"企业新员工入职管理系统"完成了对入职申请单中内容的填写限制。接下来李同学需要设计入职申请单的界面效果。李同学根据单据的内容信息,排版设计了一个单据界面效果图,如图 14-39 所示。

单据信息

| 单据编号 | RZSQDT_BJ230303000001 | * 单据日期 | 2023-03-03 |

基本信息

* 姓名		* 性别		* 出生年月	
* 籍贯		* 民族		* 政治面貌	
* 婚姻状况		* 最高学历		毕业院校	
* 专业		* 联系方式		* 邮箱	
身份证号		* 住址		* 紧急联系人	
* 紧急联系方式		* 紧急联系地址			

入职信息

* 入职部门		* 入职岗位		岗位级别	
* 入职日期		* 试用期薪资		* 转正后薪资	
* 合同开始日期		* 合同结束日期			

公司福利

序号	福利	开始日期	结束日期	金额	备注
1					

教育经历

序号	学校	专业	学历	开始日期	结束日期
1					

工作经历

序号	单位	开始时间	结束时间	证明人	证明人电话
1					

图 14-39 入职申请单据效果

技术分析

为了实现上述任务,需要掌握如下操作:

(1)通过单据"入职申请单"的"设计"按钮,进入设计页面。
(2)通过"界面"按钮,切换到界面编辑页面。
(3)通过"界面模板"选择模板,进行界面设计。
(4)通过主表区域、网格控件、面板、表格录入等组件及其属性配置完成界面的设计。

任务实现

此任务是完成入职申请单的设计,需要通过"设计"按钮进入单据设计页面,在页面中通过拖动的方式完成工具栏、单据信息、基本信息、入职信息、公司福利信息、教育经历、工作经历的页面设计工作,具体操作步骤如下:

1. 设计单据信息

(1)单击入职申请单数据的"设计"按钮进入设计页面,并单击"界面"按钮进入界面编辑页面。

(2)单击"界面模板"按钮,选择云报账模板,单击"确定"按钮,加载模板进入编辑区。只保留基本信息区块,其他区块全部删除。之后将基本信息重命名为"单据信息"。选中单据信息中的主表区域,在设置字段中,删除其他字段,只保留单据编号和单据日期字段,如图 14-40 所示。

图 14-40 设计单据信息

视频
设计入职申请单
界面—单据信息
和基本信息

2. 设计基本信息

(1)在左侧控件区,找到面板组件,使用鼠标左键选中面板,不要松开鼠标,拖动到单据信息下,标题修改为"基本信息"。之后找到主表区域,使用鼠标左键选中主表区域,不要松开鼠标,将其拖动到基础信息面板中,如图 14-41 所示。

图 14-41 基本信息设计

(2)选中基础信息面板下的主表区域,在功能项菜单选择字段项,单击"设置"按钮,进入字段设置页面。按照顺序选择姓名、性别、出生年月、籍贯、民族、政治面貌、婚姻状况、最高学历、毕业院校、专业、联系方式、邮箱、身份证号、住址、紧急联系人、紧急联系方式、紧急联系住址字段。注意:姓名放在第一位,优先第一个选择姓名,之后单击移入到目标列表中,如图 14-42 所示。

图 14-42 选择字段

最终效果如图 14-43 所示。

图 14-43 基本信息效果

3. 设计入职信息

（1）在左侧控件区，找到面板组件，使用鼠标左键选中面板，不要松开鼠标，拖动到基本信息之下，标题修改为"入职信息"。之后找到主表区域，使用鼠标左键选中主表区域，不要松开鼠标，将其拖动到入职信息面板中，如图 14-44 所示。

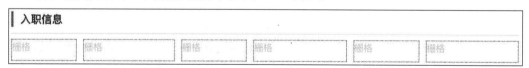

图 14-44 入职信息

（2）选中基础信息面板下的主表区域，在功能项菜单，选择字段项，单击"设置"按钮，进入字段设置页面。按照顺序选择入职部门、入职岗位、岗位级别、入职日期、试用期薪资、转正后薪资、合同开始时间、合同结束时间字段，单击"确定"按钮，保存数据，如图 14-45 所示。

图 14-45　选择字段

最终效果如图 14-46 所示。

图 14-46　入职信息效果

4. 设置公司福利信息

（1）在左侧控件区，找到面板组件，使用鼠标左键选中面板，不要松开鼠标，拖动到入职信息之下，标题修改为"公司福利"。之后找到表格录入组件，使用鼠标左键选中表格录入组件，不要松开鼠标，将其拖动到公司福利信息面板中，如图 14-47 所示。

图 14-47　福利子表

（2）选中公司福利下的表格录入组件，单击右侧编辑区功能项中的"高级"按钮，进入高级属性编辑页面，如图14-48所示。

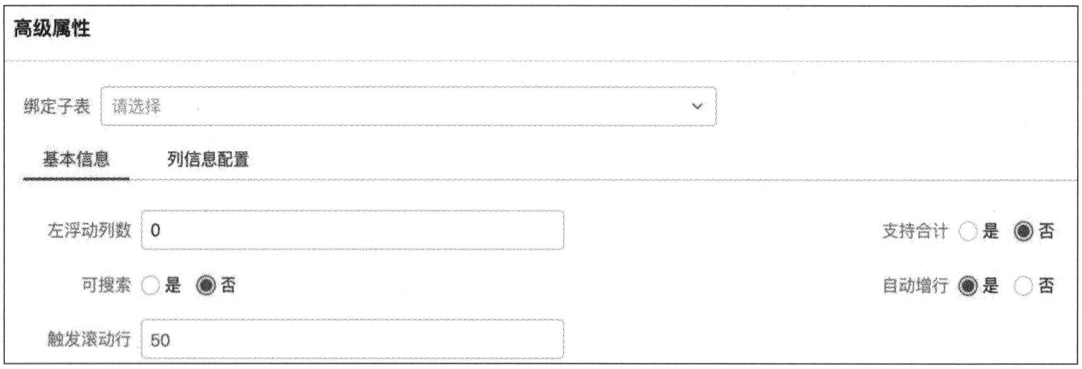

图14-48　高级属性编辑

（3）绑定子表选择公司福利，之后切换到列信息配置中，单击"选择字段"按钮，选择福利、开始日期、结束日期、金额、备注字段信息，单击"确定"按钮确认选择，如图14-49所示。

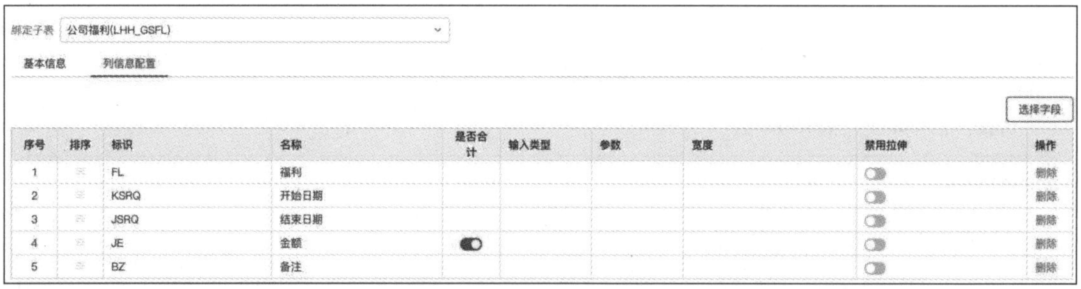

图14-49　列信息配置

金额选择不合计，最后单击"确定"按钮保存数据，最终效果如图14-50所示。

图14-50　公司福利效果

视　频

设计入职申请单界面—公司福利、教育经历、工作经历

5. 设计教育经历

（1）在左侧控件区，找到面板组件，使用鼠标左键选中面板，不要松开鼠标，拖动到公司福利之下，标题修改为"教育经历"。之后找到表格录入组件，使用鼠标左键选中表格录入组件，不要松开鼠标，将其拖动到教育经历信息面板中，如图14-51所示。

图 14-51　教育经历子表

（2）选中教育经历下的表格录入组件，单击右侧编辑区功能项中的"高级"按钮，进入高级属性编辑页面，如图 14-52 所示。

图 14-52　高级属性编辑

（3）绑定子表选择教育经历，之后切换到列信息配置中，单击"选择字段"按钮，选择学校、开始日期、结束日期、专业、学历字段信息，单击"确定"按钮确认选择。最后单击"确定"按钮保存数据，如图 14-53 所示。

图 14-53　列信息配置

最终效果如图 14-54 所示。

图 14-54　教育经历效果

6. 设计工作经历

（1）在左侧控件区，找到面板组件，使用鼠标左键选中面板，不要松开鼠标，拖动到教育经历之下，标题修改为"工作经历"。之后找到表格录入组件，使用鼠标左键选中表格录入组件，不要松开鼠标，将其拖动到教育经历信息面板中，如图 14-55 所示。

图 14-55　设计工作经历页面

（2）选中工作经历下的表格录入组件，单击右侧编辑区功能项中的"高级"按钮，进入高级属性编辑页面，如图 14-56 所示。

图 14-56　高级属性编辑页面

（3）绑定子表选择工作经历，之后切换到列信息配置中，单击"选择字段"按钮，选择单位、开始时间、结束时间、证明人、证明人电话字段信息，单击"确定"按钮确认选择，如图 14-57 所示。

图 14-57　列信息配置

最后单击"确定"按钮保存数据。最终效果如图 14-58 所示。

图 14-58　工作经历效果

（4）单击"保存"按钮，保存界面设计，之后退出单据设计页面，单击"发布"按钮，使单据发布生效。

任务 14.10 实现入职申请单打印

任务描述

李同学梳理了入职申请需求，员工填写完入职申请单之后，单据会流经各个相关负责人审批，审批通过以后，会将员工的入职申请单打印，交给员工本人签字确认通过，完成员工入职确认流程。所以，需要设计入职申请单的打印模板，为入职申请单打印签字提供辅助。

技术分析

为了实现上述任务，需要掌握如下操作：
（1）通过单据"入职申请单"的"设计"按钮，进入设计页面。
（2）通过"打印"按钮，切换到打印编辑页面。
（3）通过"快速生成模板"按钮，生成打印模板。
（4）通过打印页的"列信息"按钮，添加行拖动到首行。
（5）通过文本组件添加相关信息。

任务实现

入职申请单创建完成之后，需要设计申请单的打印模板，首先通过"打印"按钮进入模板设计页面，通过快速生成模板按钮，完成打印模板的设计，具体操作步骤如下：

1. 添加打印模板

（1）单击入职申请单数据的"设计"按钮进入设计页面，并单击"打印"按钮进入打印编辑页面。
（2）单击右上角的"快速生成模板"按钮，添加打印模板，如图 14-59 所示。

图 14-59 单击打印模板

视频

快速生成打印模板

2. 设计打印模板

（1）选中右侧的打印页，找到"列信息"按钮，进入行信息编辑页面，如图 14-60 所示。

图 14-60　信息编辑页面

（2）单击增加按钮添加一行，并将其拖动到首行，单击"确定"按钮保存数据，如图 13-61 所示。

图 14-61　行信息

（3）找到文本组件，将其拖动到首行，之后在右边编辑器选中文本组件，将字体大小设置为 30，勾选"加粗"，表达式设置为"入职申请单"，垂直对齐选择"垂直居中"，水平对齐选择"水平居中"，如图 14-62 所示。

图 14-62 文本组件配置

（4）单击"保存"按钮，保存设计，之后退出单据设计页面，单击"发布"按钮，使单据发布生效。

任务 14.11 实现入职申请单自动编号

任务描述

为统一管理入职信息单据，需要为每个单据设计一个识别码，以区分不同入职人员的入职单据信息。所以，李同学接下来需要设计一种规则来生成具有唯一性和不重复性的识别码，以标记不同的入职信息单据。

技术分析

为了实现上述任务，需要掌握如下操作：
（1）通过菜单"单据编号管理"，进入管理页面。
（2）通过"乐呼呼"分组下的"入职申请单"进入编辑页面。
（3）通过"编辑"按钮，编辑编号方案。
（4）通过"编辑编号方案"对话框，分别定义常量、机构代码、自定义日期、生成时机完成编号的配置。

任务实现

此任务是完成单据编号的设计,通过"单据编号管理",进入管理页面之后,通过常量、机构代码、自定义维度、年月、自定义日期、流水号等属性设计完成单据编号的生成,具体操作如下:

1. 进入单据编号编辑页面

(1)单击菜单"单据编号管理",进入管理页面。

(2)单击"乐呼呼"分组下的"入职申请单",进入单据编号编辑页面。

(3)单击"编辑"按钮,开始编号的编辑,如图14-63所示。

图14-63 单据编号编码页面

视频
设计入职申请单
自动编号生成

2. 编辑单据编号

常量输入RZSQD,机构代码左侧起设置为5,时间格式选择yyMMdd,生成时机选择"新建时",如图14-64所示。单击"保存"按钮,保存数据。

图14-64 单据编号设计

单元 14　企业新员工入职管理系统实战

任务 14.12　实现入职申请单列表展示

任务描述

李同学认为该企业新员工入职管理系统需要有入职信息的管理和查询功能，于是与玖老师和琪老师开会讨论这个问题，最后决定设计一个入职信息查询的页面，这样就能方便地管理入职信息。

技术分析

为了实现上述任务，需要掌握如下操作：
（1）通过"新建分组"按钮创建"乐呼呼"分组。
（2）通过"新建定义"按钮，创建单据列表定义。
（3）通过创建单据列表定义中的"设计"按钮，进入列表设计页面。
（4）通过在查询列分栏中选择主表、选择字段功能，规定列表中显示的列信息。
（5）通过在查询条件分栏中单据定义和新建参数功能设计查询参数。

任务实现

要完成单据列表功能的设计，需首先创建分组，然后在此分组下创建单据列表定义，设计单据列表及其查询条件，最后通过编辑模式将单据列表加入菜单列表中，具体操作如下：

1. 新建分组

单击"新建分组"按钮，进入分组添加页面，标识输入 LHH，名称输入"乐呼呼"，如图 14-65 所示。单击"确定"按钮，保存数据。

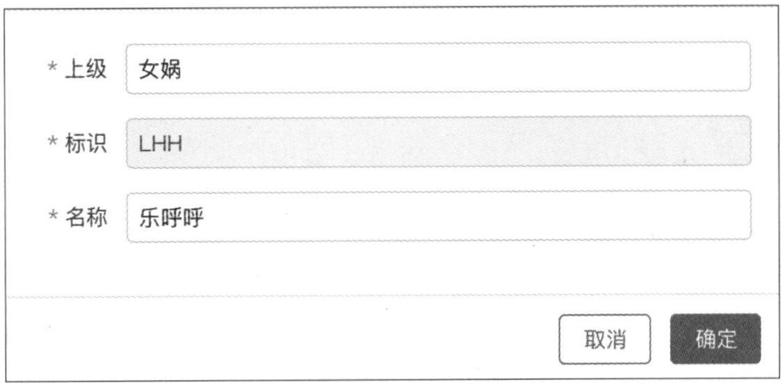

图 14-65　创建分组

2. 创建单据列表定义

单击"新建定义"按钮，进入定义添加页面，分组选择"乐呼呼"，标识输入 RZSQD，名称输入"入职申请单",模型选择"单据列表模型",如图 14-66 所示。单击"确定"按钮,保存数据。

图 14-66　创建入职申请单单据列表

3. 设计单据列表

(1)单击"入职申请单"数据中的"设计"按钮,进入单据列表设计页面。

(2)在查询列栏目中,单击单据主表文本框,选择入职申请单主表,如图 14-67 所示。单击"确定"按钮保存数据。

视　频

定义单据列表
实现绑定查询
列展示

图 14-67　选择主表

(3)单击"选择字段"按钮,选择需要展示的字段,需要选择姓名、性别、出生年月、籍贯、民族、政治面貌、婚姻状况、最高学历、毕业院校、专业、联系方式、邮箱、入职部门、入职岗位、岗位级别、身份证号、住址、紧急联系人、紧急联系地址、紧急联系方式、入职日期、合同开始时间、合同结束时间字段，如图 14-68 所示。单击"确定"按钮保存数据。

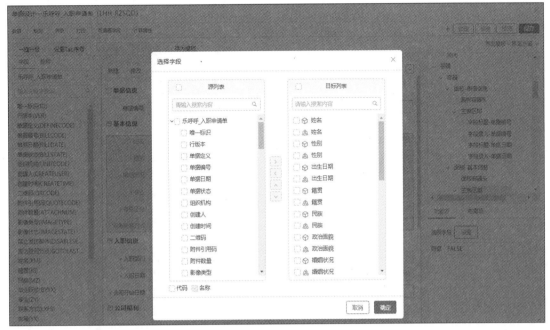

图 14-68　选择列表字段

4. 设计查询条件

（1）切换到查询条件栏目，单击单据定义后的文本框，选择"入职申请单"定义，如图 14-69 所示。单击"确定"保存数据。

图 14-69　选择单据定义

设计查询条件并配置查询参数

（2）单击"新建参数"按钮，选择姓名、出生年月、联系方式、入职部门、入职岗位、岗位级别、身份证号、合同开始日期和结束日期作为查询条件，如图 14-70 所示。各个字段的默认值都删除，单击"确定"按钮保存数据。

（3）单击"保存"按钮，保存单据列表定义；单击"发布"按钮，选择入职申请单，使数据生效。

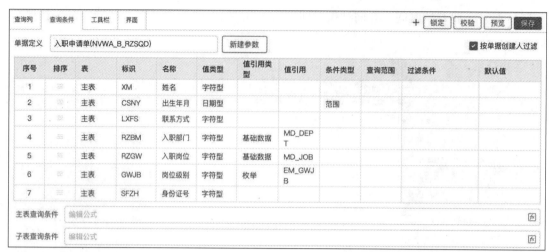

查询列 查询条件 工具栏 界面 + 锁定 校验 预览 保存

单据定义 入职申请单(NVWA_B_RZSQD) 新建参数 按单据创建人过滤

序号	排序	表	标识	名称	值类型	值引用类型	值引用	条件类型	查询范围	过滤条件	默认值
1		主表	XM	姓名	字符型						
2		主表	CSNY	出生年月	日期型			范围			
3		主表	LXFS	联系方式	字符型						
4		主表	RZBM	入职部门	字符型	基础数据	MD_DEPT				
5		主表	RZGW	入职岗位	字符型	基础数据	MD_JOB				
6		主表	GWJB	岗位级别	字符型	枚举	EM_GWJB				
7		主表	SFZH	身份证号	字符型						

主表查询条件 编辑公式

子表查询条件 编辑公式

图 14-70　查询条件字段选择

视频

设计工具栏显示动作

5. 设计工具栏

切换到工具栏栏目，单击“添加动作”按钮，选择新建、修改、删除、查看、关闭，如图 14-71 所示。单击“确定”按钮，保存数据。

单据列表设计—入职申请单（RZSQD）

查询列 查询条件 工具栏 界面 + 锁定 校验 预览 保存

添加动作

序号	排序	标识	名称	参数	提示信息	操作列展示	可用	隐藏	图标	操作
1		addHandle	新建				TRUE	FALSE		删除
2		updateHandle	修改				TRUE	FALSE		删除
3		deleteHandle	删除				TRUE	FALSE		删除
4		viewHandle	查看				TRUE	FALSE		删除
5		closeHandle	关闭				TRUE	FALSE		删除

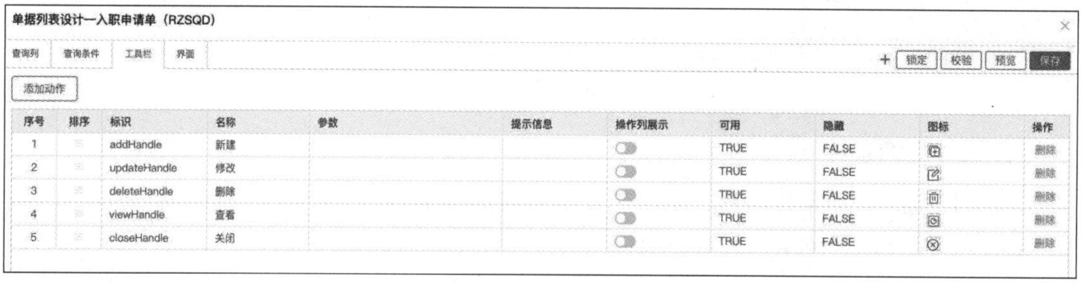

图 14-71　工具栏

6. 设置界面

（1）切换到界面页签，在表格样式中选择“主子表平铺”。

（2）自定义排序单击“设置”，在新窗口中选择“源列表”的“单据日期”和“创建时间”，在“目标列表”将这两项依次选中，在“排序字段信息”中找到“排序”并选择“降序”。

视频

编辑单据列表执行

7. 编辑菜单

（1）进入编辑模式，在“招聘管理”（如未创建则在根节点处新建）菜单下，新建下级，在绑定应用中输入“单据”，绑定模块中输入“单据执行”，标题输入“入职申请”，单据定义选择“入职申请单”，如图 14-72 所示。单击“保存”和“发布”按钮使菜单生效。

（2）继续在“招聘管理”菜单下创建“入职管理”菜单，在绑定应用中输入“单据”，绑定模块中输入“单据列表执行”，标题输入“入职列表管理”，单据列表定义选择“入职申请单”，如图 14-73 所示。单击“保存”和“发布”按钮使菜单生效。

图 14-72　单据执行菜单

图 14-73　单据列表执行

（3）选中"招聘管理"菜单，单击"新建下级"按钮，创建菜单，在绑定应用文本框中输入"我的驳回待办"查询并选中，将标题修改为"驳回事项"，如图 14-74 所示。

图 14-74　我的驳回菜单配置

任务 14.13　设计入职业务相关角色

任务描述

李同学在设计完成组织机构之后，接下来需要考虑设计入职申请审批流程。经过和玖老师、琪老师讨论以后，决定首先由招聘专员提交入职申请单，之后分别交由用人部门经理、事业部总监审批，最后交给人事主管审批。那么，接下来的任务需要创建招聘专员、用人部门经理、事业部总监、招聘主管四个角色。

技术分析

为了实现上述任务，需要掌握如下操作：

（1）通过"角色管理"菜单，进入角色列表页面。

（2）通过"新增"按钮创建"乐呼呼"分组。

（3）通过"新增"按钮在"乐呼呼"分组下创建招聘专员、用人部门经理、事业部总监、招聘主管四个角色。

任务实现

要完成创建角色，需首先创建角色分组，然后在此分组下，通过"新建"按钮创建相关的角色，此次任务需要创建招聘专员、用人部门经理、事业部总监、招聘主管四个角色。具体操作如下：

视频
创建角色

1. 创建角色分组

（1）单击"角色管理"菜单，进入角色列表管理页面。

（2）选择全部角色，单击"新增"按钮，弹出分组添加页面，分组名称输入"乐呼呼集团"，如图14-75所示。单击"确定"按钮保存数据。

图 14-75　创建角色分组

2. 创建角色

（1）选择"乐呼呼集团"分组，单击"新增"按钮进入添加角色页面，角色标识输入 R_ZPZY，角色名称输入"招聘专员"，所属分组选择"乐呼呼集团"，角色描述输入"招聘专员"，如图14-76所示。单击"确定"按钮，保存数据。

图 14-76　创建招聘专员角色

（2）选择"乐呼呼集团"分组，单击"新增"按钮进入添加角色页面，角色标识输入 R_ZPZG，角色名称输入"招聘主管"，所属分组选择"乐呼呼集团"，角色描述输入"招聘主管",如图 14-77 所示。单击"确定"按钮,保存数据。

图 14-77 创建招聘主管角色

(3)选择"乐呼呼集团"分组,单击"新增"按钮进入添加角色页面,角色标识输入 R_YRBMJL,角色名称输入"用人部门经理",所属分组选择"乐呼呼集团",角色描述输入"用人部门经理",如图 14-78 所示。单击"确定"按钮,保存数据。

图 14-78 创建用人部门经理角色

(4)选择乐呼呼集团分组,单击新增按钮进入添加角色页面,角色标识输入 R_SYBZJ,角色名称输入"事业部总监",所属分组选择"乐呼呼集团",角色描述输入"分管副总裁",单击"确定"按钮,保存数据。

任务 14.14 实现入职业务工作流程

任务描述

李同学设计完成角色设计以后,接下来开始设计入职申请审批流程,明确各负责人审批顺序和规则。由招聘专员填写完成入职申请信息之后,再由各个负责人完成审批。最后,将入职申请单单据和工作流进行绑定,完成入职申请单审批业务。

低代码编程技术基础

技术分析

为了实现上述任务，需要掌握如下操作：

（1）通过"工作流管理"菜单进入工作流管理页面。

（2）通过"新建分组"，创建"乐呼呼"分组。

（3）通过"新建定义"创建入职申请单定义。

（4）通过"设计"按钮，进入工作流设计页面。

（5）通过"流程"按钮，设计完成入职申请单的审批流程。

任务实现

要完成工作流的创建，需首先创建工作流分组，然后在此分组下创建工作流，最后在设计页面通过拖动的方式完成工作流的设计。任务中要完成四个节点的设计，分别是关于招聘专员、用人部门经理、事业部总监、招聘主管的审批节点。具体操作如下：

1. 创建分组

（1）单击"工作流"菜单，进入工作流管理页面。

（2）单击"新建分组"，进入分组添加页面，标识输入 LHH，名称输入"乐呼呼"，如图 14-79 所示。单击"确定"按钮保存数据。

视频
定义并设计单据工作流程

图 14-79 创建分组

2. 设计单据工作流

（1）选择"乐呼呼"分组，单击"新建定义"按钮，进入定义编辑页面，标识输入为"入职申请单"，单击"确定"按钮，保存数据。

（2）单击"入职申请单"后的"设计"按钮，进入工作流设计页面。

（3）单击开始○，拖动到中间的编辑器，之后单击○，再单击旁边的♟按钮，添加节点，依次添加四个节点，如图 14-80 所示。

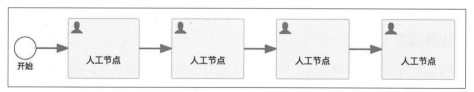

图 14-80 创建节点

（4）选中最后一个节点，之后单击旁边的○，添加结束节点，效果如图 14-81 所示。

单元 14　企业新员工入职管理系统实战

图 14-81　结束节点

（5）单击第一个节点，在右侧会出现节点的编辑窗口，在基本信息下，将名称修改为"招聘专员"，在分配用户下，单击增行按钮，策略类型选择"指定角色"，之后角色选择"招聘专员"，如图 14-82 所示。单击"确定"按钮保存数据。

图 14-82　配置参与者策略—招聘专员

（6）单击第二个节点，在右侧会出现节点的编辑窗口，在基本信息下，将名称修改为"用人部门经理"，在分配用户下，单击增行按钮，策略类型选择"指定角色"，之后角色选择"用人部门经理"，如图 14-83 所示。单击"确定"按钮保存数据。

图 14-83　配置参与者策略—用人部门经理

285

（7）单击第三个节点，右侧出现节点编辑窗口，在基本信息下，将名称修改为"事业部总监"，在分配用户下，单击增行按钮，策略类型选择"指定角色"，之后角色选择"事业部总监"，如图14-84所示。单击"确定"按钮保存数据。

图14-84　配置参与者策略—事业部总监

（8）单击第四个节点，右侧会出现节点编辑窗口，在基本信息下，将名称修改为"招聘主管"，在分配用户下，单击增行按钮，策略类型选择"指定角色"，之后角色选择"招聘主管"，如图14-85所示。单击"确定"按钮保存数据。

图14-85　配置参与者策略—招聘主管

（9）单击"保存"按钮，保存工作流。
（10）单击"发布"按钮，发布工作流。

3. 绑定业务工作流

（1）单击"业务与工作流绑定"菜单，进入管理页面。

（2）展开左边的分组，单击入职申请单流程，进入工作流绑定页面；单击右上角的＋号选择入职申请单，如图14-86所示。单击"确定"按钮。

图14-86　绑定单据

（3）单击添加组织机构按钮，选择乐呼呼集团相关的所有机构，如图14-87所示。

图14-87　绑定组织机构

（4）单击"保存"按钮，保存数据。

任务 14.15　创建入职业务系统用户及权限

任务描述

企业新员工入职管理系统单据和工作流设计完成之后，需要创建一个功能菜单。在功能菜单中包括面试预约、面试列表、待办事项、已办事项等信息，以便后续为相关用户分配不同功能菜单的访问权限。

技术分析

为了实现上述任务，需要掌握如下操作：

（1）通过编辑模式创建"审批管理"菜单，并在此菜单下分别添加待办事项、已办事项。

（2）通过用户管理，分别给六个角色创建相关用户。

（3）通过角色管理，给不同的角色根据业务需求设置相关权限。

🎯 任务实现

此任务是通过编辑模式添加菜单信息，通过用户管理分别给四个角色创建相关用户，最后通过角色管理完成角色的授权工作。具体操作如下：

1. 创建菜单

（1）进入编辑模式，选中"企业新员工入职管理系统"菜单，单击"新建下级"按钮，创建菜单，将标题修改为"审批管理"。

视频

创建工作台菜单

（2）选中"审批管理"菜单，单击"新建下级"按钮，创建菜单，在绑定应用文本框中输入"我的待办"，查询并选中，将标题修改为"待办事项"，如图14-88所示。

图 14-88 "待办事项"菜单配置

（3）选中"审批管理"菜单，单击"新建下级"按钮，创建菜单，在绑定应用文本框中输入"待办"，列表管理查询并选中，将标题修改为"已办事项"，如图14-89所示。

图 14-89 "已办事项"菜单配置

2. 创建用户

视频

创建用户

（1）单击"用户管理"菜单，进入用户管理页面，单击机构乐呼呼北京分公司，之后单击"新建"按钮，进入用户新增页面，登录名输入"招聘专员"，用户名称输入 zpzy，密码和确认密码输入 1，所属角色选择招聘专员，如图14-90所示。单击"确定"按钮保存数据。

（2）单击"用户管理"菜单，进入用户管理页面，单击机构乐呼呼北京分公司，之后单击"新建"按钮，进入用户新增页面，登录名称输入"事业部总监"，用户名称输入 sybzj，密码和确认密码输入 1，所属角色选择"事业部总监"，单击"确定"按钮保存数据。

图 14-90 创建用户

（3）单击"用户管理"菜单，进入用户管理页面，单击机构乐呼呼北京分公司，之后单击"新建"按钮，进入用户新增页面，登录名称输入"用人部门经理"，用户名称输入 yrbmjl，密码和确认密码输入 1，所属角色选择"用人部门经理"，单击"确定"按钮保存数据。

（4）单击用户管理菜单，进入用户管理页面，单击机构乐呼呼北京分公司，之后单击"新建"按钮，进入用户新增页面，登录名称输入"招聘主管"，用户名称输入 zpzg，密码和确认密码输入 1，所属角色选择"招聘主管"，单击"确定"按钮保存数据。

3. 角色授权

（1）单击"角色管理"菜单，进入角色管理页面，单击"招聘专员"角色，之后单击工具栏中的"授权"按钮进入授权页面，单击角色资源后的下拉框，选择功能资源；找到"招聘管理"菜单，勾选"访问"功能，如图 14-91 所示。

图 14-91 招聘专员角色授权

角色授权

（2）单击"角色管理"菜单，进入角色管理页面，单击"招聘主管"角色，之后单击工具栏中的"授权"按钮进入授权页面，单击角色资源后的下拉框，选择功能资源；找到"审批管理"菜单，勾选"访问"功能，如图14-92所示。

图14-92　招聘主管授权

（3）单击"角色管理"菜单，进入角色管理页面，单击"用人部门经理"角色，之后单击工具栏中的"授权"按钮进入授权页面，单击角色资源后的下拉框，选择功能资源；找到"审批管理"菜单，勾选"访问"功能。

（4）单击"角色管理"菜单，进入角色管理页面，单击"事业部总监"角色，之后单击工具栏中的"授权"按钮进入授权页面，单击角色资源后的下拉框，选择功能资源；找到"审批管理"菜单，勾选"访问"功能。

任务 14.16　门户设置

任务描述

李同学设计完成入职管理系统的所有功能之后，还迫切需要一个漂亮的首页，这样不仅可以凸显系统的特色，还可以允许不同的用户登录使用该系统。本节李同学将设计完成一个符合企业新员工入职管理系统风格的门户访问入口，来方便用户的浏览和使用。

技术分析

为了实现上述任务，需要掌握如下操作：
（1）通过"首页配置"菜单，进入首页配置管理页面。
（2）通过首页配置管理页面中的"添加页面"按钮进入首页添加页面，完成配置。
（3）通过编辑模式的首页模块绑定自定义的首页。

单元 14　企业新员工入职管理系统实战

🎯 **任务实现**

要完成门户设置任务，需通过首页配置页面，通过轮播图组件、工作流组件、常用功能组件来实现首页的布局。具体操作如下：

1. 首页配置菜单

（1）单击"首页配置"菜单，进入首页配置管理页面。

（2）单击"添加首页"按钮，进入首页设计页面。

（3）单击"全局设置"按钮，将首页名称修改为"新员工入职管理系统首页"，布局选择第四种布局，如图 14-93 所示。

图 14-93　选择布局

视频

设计首页菜单及绑定首页

（4）单击"更多"按钮，找到"工作流"选项，选中之后，拖动到左侧两个区域中，如图 14-94 所示。

图 14-94　工作流选项

291

（5）选中左侧第一个区域，将待办类型选择为"我的审批待办"，标题名称修改为"我的待办"；同理选中左侧第二个区域，将待办类型选择为"我的工作流已办"，标题名称修改为"我的已办"；之后调整两个区域的大小，如图14-95和图14-96所示。

图14-95 工作流设置

图14-96 "我的待办"和"我的已办"

（6）单击"常用功能"按钮，将其拖动到右侧，单击添加常用功能按钮，分别选择部门管理、福利管理、岗位管理、入职审批、入职管理功能，单击"添加"按钮将其移动到"我的常用功能"中，单击"确定"按钮保存数据，如图14-97和图14-98所示。

图14-97 常用功能设置

图14-98 常用功能

（7）选中首个区域，在右侧切换到块区域设置，单击块背景图后的"上传"按钮，选择一张图片作为背景图，将首个区域拖动到合适的大小，轮播效果如图14-99所示。

（8）依次单击"保存"和"发布"按钮，保存并发布数据。

单元 14　企业新员工入职管理系统实战

图 14-99　轮播效果

2. 绑定首页

单击右上角按钮进入编辑模式，单击"首页"菜单，设置首页模板参数，如图 14-100 所示。选择新员工入职管理系统首页，依次单击"保存"和"发布"按钮使数据生效。

图 14-100　首页菜单绑定

任务 14.17　入职业务数据及流程测试

任务描述

企业新员工入职管理系统已经建设完成，接下来李同学需要使用不同的角色登录系统，完成从信息填写一直到审核完成的审批流程，完整地测试整个入职流程能否走通，在测试过程中不断完善系统。

技术分析

为了实现上述任务，需要掌握如下操作：

（1）通过 zpzy 用户登录系统，填写入职申请单信息，通过保存和提交数据，开始审批流程。

（2）根据流程，使用其他角色登录系统，完成入职申请单的审批。

任务实现

系统设计完成之后，接下来根据不同的角色来完成业务流程的测试。由招聘专员角色用户提交入职申请单，交由用人部门经理角色用户审批，再交由事业部总监角色用户审批，最后由招聘主管角色用户完成审批。具体的业务测试流程如下：

1. 提交入职申请单

（1）使用 zpzy 用户登录系统，密码为创建用户时指定的密码。

（2）单击"入职审批"菜单，进入入职申请单申请页面。

（3）填写相关入职信息，如图 14-101 所示。依次单击"保存"和"提交"按钮，保存数据。

视频

登录招聘专员账号，完成制单，并查看流程

图 14-101　数据录入

单元 14　企业新员工入职管理系统实战

（4）单击审批流程选项，查看审批流程，如图 14-102 所示。

图 14-102　审批流程

2. 用人部门经理审批

（1）使用 yrbmjl 用户登录系统，密码为创建用户时指定的密码。

（2）单击"待办事项"菜单，进入入职申请单审批页面，如图 14-103 所示。

按次序分别登录用人部门经理、事业部总监、招聘主管账号，完成审批

图 14-103　审批

（3）填写相关审批信息，单击"同意"按钮，同意入职审批。

（4）单击审批流程选项，查看审批流程，如图 14-104 所示。

图 14-104　审批流程

3. 事业部总监审批

（1）使用 sybzj 用户登录系统，密码为创建用户时指定的密码。

（2）单击"待办事项"菜单，进入入职申请单审批页面，如图 14-105 所示。

图 14-105　审批

（3）填写相关审批信息，单击"同意"按钮，同意入职审批。

（4）单击审批流程选项，查看审批流程，如图 14-106 所示。

图 14-106　审批流程

4. 招聘主管审批

（1）使用 zpzg 用户登录系统，密码为创建用户时指定的密码。

（2）单击"待办事项"菜单，进入入职申请单审批页面，如图 14-107 所示。

图 14-107　审批

（3）填写相关审批信息，单击"同意"按钮，同意入职审批。

（4）单击审批流程选项，查看审批流程，如图 14-108 所示。

图 14-108　审批流程

单元考评表

企业新员工入职管理系统实战考评表

被考评人		考评单元	单元14 企业新员工入职管理系统实战	
考评维度		考评标准	权重（1）	得分（0~100）
内容维度	基础数据模块	掌握基础数据的定义和执行	0.05	
	数据建模模块	掌握数据模型的创建和发布	0.05	
	单据模块	掌握单据约束的设置和界面设计	0.05	
	工作流的配置	掌握工作流的设计和业务绑定	0.05	
任务维度	完成系统基础数据的建设	完成企业新员工入职管理系统基础数据的创建	0.2	
	完成系统数据建模的建设	完成企业新员工入职系统数据模型的创建	0.2	
	完成系统单据的建设	完成企业新员工入职系统单据的创建和界面的设计	0.2	
职业维度	职业素养	能理解任务需求，并在指导下实现预期任务，能自主搜索资料和分析问题	0.1	
	团队合作	能进行分工协作，相互讨论与学习	0.1	
加权得分				
评分规则		A	B	C	D
		优秀	良好	合格	不合格
		86~100	71~85	60~70	60以下
考评人				

单元 14 企业新员工入职管理系统实战

单元小结

此单元从无到有带领同学们完成了新员工入职管理系统的建设。低代码平台开发系统的使用其实是有章可循的，一般开发流程如图 14-109 所示。

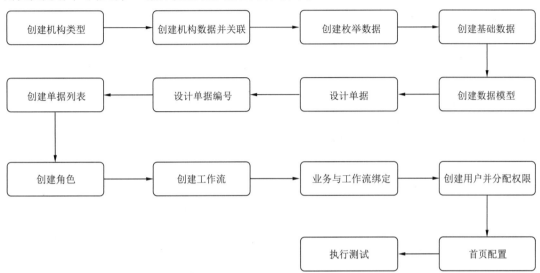

图 14-109 开发流程